VOGUE ON
ユベール・ド・ジバンシィ

著者
ドルシラ・ベイファス
翻訳者
和田 侑子

あるクチュリエの誕生 ……… 6
イメージの創り手たち ……… 48
ジバンシィ・スタイル ……… 68
ジバンシィが受けた
　さまざまな影響 ……… 96
成功とその裏側 ……… 136

索引 ……… 156
参考文献 ……… 158
写真クレジット ……… 159

オードリー・ヘップバーンとユベール・ド・ジバンシィ。
映画『パリの恋人』の撮影セットにて。
(写真＝デヴィッド・シーモア、1956年)

1ページ　ジバンシィによる、真珠とクリスタルの刺繍飾りがついた
イエローシルクのショート・ディナードレスを披露するオードリー・ヘップバーン。

3ページ　ジバンシィによるリトル・ブラック・ドレス。
ヴォーグはこれを「体に沿って床にすとんと落ちるブラック・サテンに、黒い羽飾り」と評した。
(写真＝ブルース・ウェーバー、1982年)

『セパレートで鮮やかな手腕を発揮』
ヴォーグ

あるクチュリエの誕生

若いころのユベール・ド・ジバンシィは舞踏会に招かれても踊りの輪には加わろうとせず、ただ椅子に腰掛けていた。その光景にあまりに魅了され、辺りをひたすら「観察して」いたのだという。1940年代後半、ナチス・ドイツの占領から解放されたパリは開放的なムードに包まれ、戦後の復興支援の名目で舞踏会が連日のように繰り広げられていた。ヴォーグ・パリは、1948年11月に薔薇の宮殿（Palais Rose）で開催された「鳥たちの舞踏会」（Bal des Oiseaux）をカラー記事で採りあげ、冬の季節のなかで舞踏会のトロピカルなテーマが放つキラキラしたトーンと輝きを絶賛した。ピラミッドのように積みあげられた花々や金色に輝く枝々が会場を彩り、ガラスのドーム型ケースから放たれた鳥たちがまるで宝石のように止まり木に鎮座していた。出席者には、ショッキング・ピンクの髪飾りとネイルがトレードマークのエルザ・スキャパレリやフェザーボアをまとったダンサー兼歌手のジョセフィン・ベーカー、「べべ」の愛称で知られるアーティストのクリスチャン・ベラールなど、フランスを代表する錚々たる著名人が名を連ねていた。フォシニ＝リュサンジュ家の皇太子、ジャン＝ルイはこの時代について「啓蒙主義の時代以降、社交界と芸術家たちの距離がこれほどまでに近づいたことはなかったであろう」と回想している。ゲストたちは、ピンクとグレーの大理石でできた豪華な階段をのぼって大広間にたどり着くと、羽飾りがついた仮面や扇子、髪飾りといったファッションを見て互いに感嘆しあうのであった。ユベール・ド・ジバンシィもまた、ゲストのひとりとして写真に納まっている。

ジバンシィは1927年、フランス北部の敬虔なプロテスタント貴族の家庭に生まれた。とりわけ人目を引いたのは、その約2mの長身だった。顔立ちは端正ながら、どちらかというと内気な性格だったようで、物腰は柔らかであった。オートクチュールの道へと進むことをひそかに決意していた彼は、舞踏会の場でひたすら研鑽を積んだ。女性のファッションやファブリックに対するジバンシィの関心のルーツは、子供時代に芽生えた好奇心にあった。これが原点となり、ジバンシィは「この世で最も美しい職業」だと自身が確信したファッションの道を40年にわたって極め、第二次世界大戦後のパリのファッション界を代表する巨匠のひとりにまで登りつめることになる。

ジバンシィに関するヴォーグの記事を追っていくと、彼がドレスのデザインに与えた影響の大きさが見て取れる。その作品は、師であり憧れの存在でもあったスペインの巨匠、クリストバル・バレンシアガが代表するオートクチュールの由緒正しき伝統を継承するものであった。

1950年代前半に、パリ、アルフレッド・ド・ヴィニー通りに構えた初めてのサロンのアトリエで撮影されたユベール・ド・ジバンシィ。自身の作品のシャーリング（ギャザー）を手直ししている。

ジバンシィによる、
ホワイト・サテン地の
ハイ・ウエストな極小ボディス（左）。
サッシュでウエスト上部を巻き、
高さのあるひだ飾りを強調。
肩を出した極小ボディスの
ショート・イブニングドレス（右）。
（イラスト＝アル・ブーレ、1958年）

11ページ　その簡潔なラインから
イギリス版ヴォーグが
「明らかにクラシックだ」と評した
ボディコンシャスな黒いスーツ。
帽子と手袋も、ジバンシィのデザイン。
（写真＝アレックス・シャトラ、1989年）

'オードリー・ヘップバーンのためにデザインしたユベール・ド・ジバンシィの代表作であるブラック・ドレスは、『ティファニーで朝食を』でファッション史にその名を残すこととなった'

ヴィクトリア＆アルバート博物館
「ハリウッド・コスチューム展」、2012年

パリを拠点に活動したヴォーグのアメリカ人編集者、スーザン・トレインは、ジバンシィを「第二次大戦後のオートクチュールのリーダーであり、戦前のクチュールの伝統との架け橋でもある」と評している。ファッション界に大変動を起こしたとはいえないにしろ、奔放なまでにスタイルがめまぐるしく変わったこの時代において、ジバンシィの創造性には強く揺ぎない一貫性があった。つねに完璧主義者であったジバンシィだが、そのスタイルは意外に定義しづらい。クラシックなスタイルを好みつつも、そこに、遊び心やファンタジー、驚きを時折しのばせたからである。この点に関し、女性たちはジバンシィに感謝しなくてはならない。衣服において着心地のよさや、快適さが大きく重視されるようになったのは、コルセットや身体を締めつけるボディス（女性用胴着）が主流だった当時のパリのクチュール界において、ジバンシィがそれらに取り組んだおかげだからだ。またジバンシィは、アーティストのようなこだわりをもってファブリックを吟味し、斬新なアイディアをそこから見出そうとした。ことに、珍しい素材や質感・種類の異なる素材の意外な組み合わせは、彼に多くのインスピレーションをもたらした。ルレックスやオーロンといった合成素材も、積極的に採用している。しかし、なにも増して彼が得意としていたのは、ファッションに対する女性の心理を直感的に汲みとる能力だった。女性がなにを求めているのか、ジバンシィは熟知していたのである。「ジバンシィのコートは、日中はこうありたいと願う女性の理想の姿を体現したものだといえよう」。1960年のイギリス版ヴォーグには、そう記されている。ジバンシィに関するヴォーグの記事では、その服がどの時間帯向けであるかを問わず、このような賛辞が幾度となく繰り返されたのであった。

　またジバンシィは、映画の衣装デザインも手がけ、スタイリッシュかつモダンな傑作の数々を産みだしている。ハリウッド映画の衣装を担当することとなったジバンシィはそれを着る主演女優のオードリー・ヘップバーンと出会った。この出会いはのちにファッション界と芸能界の垣根を飛びこえる絆へと発展していく。（ジバンシィ本人ではなく）その衣装デザインはアカデミー賞を受賞し、これを機に、トップスターのオードリーが、ジバンシィのミューズ、よき友人、スタイルの体現者としての役割を果たすようになったのである。彼女の主演作品からジバンシィの代表作をあげるとするならばやはり、『ティファニーで朝食を』の冒頭でホリー・ゴライトリーが身にまとっているリトル・ブラック・ドレスであろう。そのフォルムは、まさに完璧といってよい。

アメリカ版ヴォーグは、ジバンシィのタイトなジャージー素材のディナー用ロングドレスを「フレンチ・カットのストリングビーン（サヤインゲン）のよう」と評している。「襟もなく、背中の部分もない。あらゆる無駄が削ぎ落とされ、美しい輪郭のみが際立っている」。（写真＝ジョン・ローリングス、1953年）

前ページ　イジバンシィのトレードマークである黒のタイトなドレスをまとったオードリー・ヘップバーンのポスター。オードリーは1961年の映画『ティファニーで朝食を』で主役のホリー・ゴライトリーを演じた。ブレイク・エドワース監督の同映画は、トルーマン・カポーティの小説を原作としている。オードリーは、「この映画では衣装のおかげで自信を持って演技できたわ」と回想している。

'時には、1ミリメートルの違いで、すべてが決まることがある'

カトリーヌ・ジョワン＝ディエテルル

あるインタビューでジバンシィは、「女性に服を着せるということは、その女性をより美しく見せることである」と答えている。ジバンシィとの対談で、筆者はこの発言についてさらに切り込んでみた。すると、「女性をより美しく見せるということはすなわち、その人をより深く理解することだ。その人によく似合うことはもちろんだが、なにしも増して、快適さも兼ね備えた服を着せてあげなくてはならないから。服が動きやすければ動作も自然になり、その人の幸福感も増すのだ」。という答えが返ってきた。「装いひとつで、女性の人生は大きく変わる。わたしの顧客の女性たちが、それをまさに実証している。運命の男性に出会ったとき、彼女たちはシンプルなジバンシィのドレスを身にまとっており、それが将来の伴侶の心を射止めるのに大いに役立ったのだという。もちろん、よき友人でもある彼女たちの証言だからお世辞半分だとは思うが、そこには確かに真実があるのだ」。

一見したところシンプルなジバンシィのドレスだが、実際そこには職人技が凝縮されている。ジバンシィ・マジックの本質は、そこにある。ここで、ジバンシィのクライアントや友人たちも身につけたであろうある作品について詳しくみてみよう。1955年9月、イギリス版ヴォーグとヴォーグ・パリがまるまる1ページを割いて、ヘンリー・クラークが撮影したジバンシィの「ロング・リーン・ドレス」を掲載。写真のキャプションには、「無駄を極限まで削り、細部まで計算し尽くされた矢のようにほっそりとしたシルエット。襟のない、オートミール色のショートスリーブ・ツイードドレスは、身体にゆったりと沿わせたウエスト部を斜めに走る縫い目がアクセントになっている。首元はハイネックで、前面は平らだ」とあった。ジバンシィの作品が見る者をなぜこれほどまでに魅了するのか。そのヒントは、彼自身の言葉に見出すことができよう。「我々は、オートクチュール界の美容外科医のようなもの。着る人の欠点をうまく隠し、シルエットをより美しく際立たせることが我々の仕事なのだ」。

今日では、ジバンシィというとクラシカルなデザイナーという印象が強い。ファッション界に爆弾を投じることもなければ、ストリート・スタイルからも距離を置き、品のよい表現に徹したという意味では、その通りであろう。しかしジバンシィは、自身がブランドになるという企業家精神をもつデザイナーという非常に現代的な現象の先駆者でもあった。ヴォーグは、ジバンシィのメゾンのスタイルについて「エレガントで洗練されており、教養を感じさせる」と評しているが、それはまさにデザイナー自身が与える印象そのものだったのだ。クチュリエとしても、プライベートにおいても、ジバンシィはハイ・ファッションと芸術、そして上流社会にどっぷりとつかった生活を送っていた。それが、ジバンシィというブランドにも反映されていたのだ。ジバンシィは

イギリス版ヴォーグは、ジバンシィによるオートミール・ツイードのクチュール・デイドレスの「無駄を極限まで削ぎ落としたシンプルさ」を高く評価した。身体に優しくフィットするフォルム、小ぶりな襟、一つボタンが特徴的なこの作品は、ジバンシィの最高傑作のひとつに数えられる。ストレートなラインのベージュ・レザー製帽子と白い長手袋が、このほっそりとした細身のドレスを引きたてている。
（写真＝ヘンリー・クラーク、1955年）

その強みを武器に、ブランドの顔として自ら活躍した。アメリカ版ヴォーグは1960年代半ば、ジバンシィに「数多の映画スターですら太刀打ちできないほどのハンサムな男性」という賛辞を贈っているが、当時このような称号に値するようなデザイナーは、ジバンシィをおいてほかにはいなかったであろう。

クチュリエとしてだけでなく、衣装デザイナー、インテリア・デザイナー、芸術通、ファッション・モデル、香水・化粧品の開発者、会社経営者、そして上流社会の一員といったさまざまな顔をもつジバンシィを、ヴォーグは追いかけ続けてきた。彼の郊外の別邸やパリの私邸、自ら収集したアート・コレクションには、こうした要素が複雑に絡み合って形成された独特の美学が感じられる。また、言うまでもなく、ジバンシィはいつどこでどのような場に登場するときも、その場にふさわしい完璧な服装で現れたのであった。

ジバンシィのメゾンが立ちあげられたのは、1952年2月2日のこと。拠点として選ばれたのは、モンソー公園にほど近いアルフレッド・ド・ヴィニー通り8番地にある1860年竣工のゴシック様式の建物だった。その日以来ヴォーグは、熱心にジバンシィを追ってきた。熱狂と混沌のさなかにオープンを迎えたメゾンは、その後、数々のイノベーションを生みだしていった。このメゾンが放つ雰囲気は、ほかの有力メゾンのそれとは明らかに異なっていた。息をのむようなデザイン、思いもよらない色の組みあわせが繰り広げるスペクタクル、個性豊かなファブリック、かつてないリュクス感…すべてが斬新かつ豊かであり、劇的な印象を与えたのだ。とはいえそれは、青臭さとは異質のものであった。ジバンシィは24歳という若さで、すでに落ち着いて先を見すえていたのだ。彼は、生涯の友であり、メゾン設立のための融資確保にも奔走したマダム・エレーヌ・ブイヨー=ラフォンをディレクターとして起用した。設立時の社員数は15名。初コレクションの披露に向けて、キャプシーヌ、スージー・パーカー、ベッティーナ・グラツィアーニをはじめとするパリでもトップクラスのファッション・モデルたちとも契約を交わしていた。

「より便利で、楽で、かつ、個性的なファッションを追求した末に誕生したのがセパレートだった」とジバンシィは語った。それは、「服選びをもっと楽にする」ことを目指したものであった。若きフランス人デザイナーがコレクションの強みを活かして「セパレートで鮮やかな手腕を発揮」し異例の成功を収めた、とイギリス版ヴォーグは評価している。アメリカ版ヴォーグも、「ショー初日、ジバンシィは大喝采を浴び、観客はいつまでも惜しみない拍手を贈った」と報じた。ハイ・ファッションをより安価に手に入れたいというフランスの若い女性たちのニーズに応えたジバンシィを、

イタリア人ファッション・イラストレーター、ルネ・グリュオーがジバンシィの初コレクションの様子を回顧して描いたイラスト。「ベッティーナ・ブラウス」という名称は、コレクションのお披露目時にこの作品をまとったモデル、ベッティーナ・グラツィアーニにちなんだもの。パリのオートクチュール界ではほとんど顧みられることのなかったコットン地のブラウスを着たベッティーナは、メディアの大きな注目を浴びた。袖の部分では、黒いアイレット刺繍をほどこした2重のフリルがふんわりと広がっている。

ヴォーグは高く評価したのである。この時期のサロンの常連に、当時まだソルボンヌ大学の学生だったジャクリーン・ブーヴィエがいた。のちのジョン・F・ケネディ夫人である。ジャクリーンはファースト・レディとなってからもフレンチ・ファッションを好んだため、アメリカのメディアから批判を浴びたという話はよく知られている。

　セパレートは、黒もしくは白、あるいは白黒のツートーンが多かった。ストラップレスのボディスはスカートにも細身のズボンにも合わせることができ、小さめのジャケットもまた、スカートにもズボンにも合った。イギリス版ヴォーグは、「洗濯したてのような」ジバンシィの美しい白ブラウスを、その年のシーズンの注目作品として選出している。なかでも有名になったのが、モデルの名にちなんで「ベッティーナ」の愛称で呼ばれた作品だった。ベッティーナは、アシスタントとしてジバンシィの右腕となって働き、広報の仕事もこなした。高価な素材を使う余裕がないという経済的な理由から、ブラウスにはコットンのシャツ地が用いられたが、そのデザインは大変にフェミニンで、美しい装飾も凝らされた。ぴったりとした袖口から続くほっそりとした袖を、黒のアイレット刺繍で縁取りされた2重のフリルがふんわりと包む。キャプシーヌが着用した、白い造花を散らした白いオーガンジー素材のデコルテ・ドレスの写真も大々的に採りあげられた。ショーを訪れたアメリカ版ヴォーグのファッション・イラストレーター、エリック（カール・エリクソン）は、糊がきいたグレーのシフォン製ベアトップの夜会服に、落ち着いた色合いの赤のリボンを巻いた作品に魅了されたという。ショーでも一際目を引いたこの作品には、「モデルが身体の向きを変えるたびに、白のパーケールという意外な素材で作られた美しいティアード・ケープの下にドレスが隠れるのだった」というキャプションがつけられた。

　「フランス、アメリカ両国の大物ファッション・エディターたちが、この設立まもないメゾンにこぞって注目し、ジバンシィをスターの座に押しあげた。しかしそれは、相反するアイデアやアドバイスの氾濫を招いた」と、スーザン・トレインは当時を振り返っている。「ジバンシィのみずみずしい感性のファッションに魅せられたエレガントな顧客たちが、メゾンに押しかけては彼に無理難題を押しつけるようになったのだ。生産が追いつかないためマネキン人形は裸のまま放置され、軌道に乗りかけていたビジネスも行き詰ってしまった。生産を迅速に行うための熟練した職人が不足し、アトリエも十分に確保できない状況を目の当たりにし、ジバンシィは伝統的なオートクチュール・メゾンというコンセプトに立ち返ることを余儀なくされたのだった」。

ヴォーグ所属のアーティスト、エリックが、1952年のジバンシィのデビュー・コレクションで披露されたロマンチックなイブニングドレスとケープを効果的な色使いで再現。エリックの筆使いによって、作品のフェミニンな雰囲気や目の覚めるようなコントラストが、現代に蘇っている。

'布は、それ自体が命を宿している。
わたしは布にすべてを任せ、導いてもらうだけだ'

ユベール・ド・ジバンシィ

'不合理さと
たぐいまれな才能、
そして愛が絶妙な
バランスをなす
ジバンシィの帽子は
人生に至福の瞬間を
もたらしてくれる'

ヴォーグ

セパレートは、それ以降も一貫してコレクションの主役であり続けた。ジバンシィはセパレートを基本としつつ、それ以外のさまざまなアイテムで革新性を打ちだしていった。頭にぴったりと密着するタイプのつばなしの帽子もそのひとつにあげられる。この帽子をかぶると髪が完全に覆われ、顔がむきだしになるため、「より念入りな身だしなみ」が求められた。イギリス版ヴォーグも、「イギリス人女性はよくやりがちだが、おくれ毛を少し出してごまかしてはダメ」と読者に念を押している。ジバンシィの帽子は、彼ならではの豊かな発想にあふれ、女性を幸せな気分にしてくれるアイテムとして評判だった。コレクションも好調を維持し、1959年には、街はずれにあった質素なサロンをジョルジュサンク通りに移転するに至る。

　イギリス版ヴォーグがジバンシィを採りあげた初の記事で指摘しているように、ジバンシィは若くしてファッションに対する豊かな素養を身につけていた。彼がファッションや芸術の世界に足を踏み入れるきっかけを作ったのは、その生いたちだった。侯爵の称号をもつ父ルシアン・ド・ジバンシィと「シシー」の愛称で呼ばれた母ベアトリス・バダンの次男として生まれたユベール・ド・ジバンシィは、芸術的気質の優雅なブルジョワ家庭で育った。2歳の時に父親を流行性の感冒で失ってからは、兄のジャン・クロードと一緒に、パリ北方のボーヴェで母親と母方の祖父母によって育てられた。祖父のジュール・バダンは当時、ゴブラン&ボーヴェ・テキスタイル・ワークショップの所長を務めたことにより芸術家としての道を歩み始める。ジュールは希少なテキスタイル作品や美術品のコレクターでもあった。幼き日のユベールの野心に火を付けたのは、この祖父の存在だったといわれている。また、母親がファッション好きだったことについては、ヴォーグ・パリの回顧記事でジバンシィ自身が言及している。一家の歴史をひもといてみると、ユベールのいとこや叔父、叔母たちも音楽や絵画の才能を発揮しており、一族に芸術家の血が流れていたことがわかる。その祖先には、19世紀の芸術界で名を馳せた人物が3人もいた。

　ジバンシィが幼いころからファッションの才能を発揮していたことは、よく知られている。8歳のときに、母親が購読するファッション誌に登場するエレガントな女性たちがまとう衣装を参考に、人形のための服を作ったのがその発端だった。1937年、10歳のときにパリ万博を訪れ、ジャンヌ・ランバンがプロデュースしたパビリオン・デレガンス（Pavilion d'Elegance）に魅了される。「ピンクの漆喰でできた洞窟のような空間にはパフュームの香りがたちこめ、パリのオートクチュール界の遊び心あふれる世界が広がっていた［ファッション歴史家、ロバート・ライリーの回想］。様式美あ

前ページ　イギリス版ヴォーグは、シーズン一押しの帽子としてあげたこの作品を「髪の毛をすっぽり隠す帽子」と命名し、「チュール地の帽子には首筋に向かってフリルが寄せられ、髪全体をやわらかく包んでいる。頭にフィットする小ぶりな帽子を得意とするジバンシィの代表作だ」と評した。
（写真＝クリフォード・コフィン、1954年）

ふれるマヌカンたちが、これまた様式美あふれる衣装を身にまとい、浮世離れした世界を演出していた。シャネルが起用した２人のモデルは、大きく膨らませたバレエ・スカートに特徴のある虹色のチュールドレスを披露した。一方、スキャパレリのモデルは敷き詰められた花の上に裸で横たわり、かたわらのガーデン・チェアには脱ぎ捨てたドレスと帽子がかけられていた」。この光景に、より一層花を添えたのが、ヴィオネやグレ、モリヌー、ランバンたちがデザインした作品だった。こられを目の当たりにしたことを機に、ジバンシィは、いつか自分もこうした大物デザイナーたちと肩を並べる存在になりたいという決意を固めたのだった。しかし予想通り、保守的な家風だった一家はこれを快く思わず、彼がもっと権威ある職業につくことを望んだ。いよいよ進路を決めるという時期になると、ジバンシィは公証人役場に連れていかれ、法律の道へ進むようにと家族から執拗に説得されたのだった。母親は後に、不平を言ったり心変わりをしたりしないということを条件に、彼がファッションの道へと進むことをしぶしぶ認めた。

　ジバンシィがファッションの職を求めてまず赴いたのが、スペインの巨匠クリストバル・バレンシアガのメゾンだった。デザイナー志望だった若きジバンシィは、自分のスケッチをバレンシアガに見てもらい、アシスタントとして採用してもらおうと考えたのだ。「子供のころから、バレンシアガはわたしの憧れだった」と、彼は筆者に語っている。「バレンシアガの服やシルエットのエレガントさ、美しさはほかのデザイナーとは次元が違っていた」。比類なき芸術家であり、オートクチュール界の金字塔的存在だったバレンシアガは、のちにジバンシィの指導者、恩師、そして、よき友人となる。しかしこの時は、メゾン・バレンシアガの敏腕ディレクター、ルネー嬢に容赦なく門前払いされてしまったのだった。

'ミスター・バレンシアガは
クリエイティブな才能とアバンギャルドな感性に
テクニックを兼ね備えた並はずれた存在である。
クリエイターとしてまさに完璧だ'

ユベール・ド・ジバンシィ

その後ジバンシィは、当時パリで最もファッショナブルなメゾンとして名高かったジャック・ファスのもとを訪れ、その場で契約を勝ち取った。ファスはオートクチュールの伝統を踏まえた若者向けのセクシーな作風で知られていた。ジバンシィ作品のはつらつとした雰囲気にはファスの影響が感じられる、とする見方もあるほどだ。ジバンシィはファスについてこのように語っている。「ファスは息をのむようなハンサムな男性で、独特の雰囲気を醸しだしていた。彼は、グレーのフランネルの乗馬ズボンとカシミアセーターの上に、ボリュームのあるオオカミの毛皮のコートを羽織っていた。わたしにとって、ファスと出会えたことはこの上ない幸運だった。彼の助力がなければ、ファッションの世界に一歩を踏みだすことはできなかっただろう。当時はオートクチュールで身を立てることなど不可能に近い時代だったのだから。ファスのメゾンは遊び心とファンタジーにあふれており、わたしはすっかりその雰囲気の虜になってしまった。そこに足を踏みいれるということは、まるで危険と官能が渦巻く世界に入っていくようなものだった」。1945年、ファスのサロンで1年間の修行を積むかたわら、ジバンシィは美術学校エコール・デ・ボザールでスケッチの腕を磨いている。その効果はてきめんだった。彼のスケッチは簡素だったが、デザインのエッセンスをあますところなく表現しており、人物のポーズや姿勢にはそこはかとないユーモアが漂っていた。

　ファスのもとを去って自らのサロンをオープンするまでの間、ジバンシィはさらなる研鑽を積んだ。新たな働き方のスタイルを模索してロベール・ピゲのサロンに移り、さらにはリュシアン・ルロンのサロンを経て、イタリア人デザイナー、エルザ・スキャパレリのもとで4年間にわたって働いたのだ。ジバンシィはその才能を存分に発揮し、ヴァンドーム広場にあったスキャパレリのブティックに新風を吹き込みながら、彼女の上顧客たちとの人脈を築いていった。こうした下積み時代を送るなかで、「パリの名士たち」との面識を得たと言われている。こうしてジバンシィは、若くしてその名声を確立した。スキャパレリが1954年に引退すると、彼女の抱えていたプライベートな顧客や友人たちがジバンシィのサロンを頼ってきたほどだった。マレーネ・ディートリッヒ、パトリシア・ロペス・ウィルショー、グロリア・ギネス、ウィンザー公爵夫人も、こうした経緯でジバンシィの顧客となっている。1972年にウィンザー公が亡くなった時、ジバンシィは夫人のために一晩で黒いコートをデザインし、仕立てあげたのだった。

のちにジバンシィがデビュー・コレクションで披露することになるアイデアの多くはスキャパレリのサロンで培われた。ここで生まれたセパレートという概念は、さらなる発展をみることになる。「高級既製服というアイデアを温めていた」とジバンシィは筆者に語っている。このアイデアは、セパレートの行きつく先として思いついたのだという。デザイナーが手がける既製服というこのコンセプトは、ヨーロッパにとどまらず海を越えたアメリカにまで波及し、高級ブティックや衣料品店のあり方を変えることになる。この潮流をヴォーグはいち早くつかんでいた。「フランスのファッション界で静かな革命が進行しつつある」。1956年、イギリス版ヴォーグは次のように分析している。「これまで優勢を誇ってきたクチュリエや小規模サロンは、台頭する新興の既製服業界におびやかされつつある」。

既製服を販売するというジバンシィの最初の試みは失敗に終わった。1950年代後半にかけて、ジバンシィのデザインを有名メーカーが再現した商品がイギリス版ヴォーグに掲載されたものの、生産体制が追いつかなかったのが原因だった。しかし、2度目の挑戦は成功し、1968年3月、ビクトル・ユーゴー通り66番地に「ジバンシィ・ヌーベル・ブティック」がオープンした。パリのオートクチュール界において、今後主流になるのは高級既製服だといち早く予測したジバンシィだったが、まさにそれが彼の予想通りの展開となったのだ。これこそが、のちに既製服の活躍の場を一気に押し広げることになるプレタポルテを先取りするコンセプトだった。ジバンシィ・ヌーベル・ブティックの開設は、ヴォーグの3カ国版で大々的に採りあげられた。それは、従来のオートクチュールの精神を継承しつつ、価格をオートクチュールよりも格段に抑えた新たなコレクションの誕生を意味していた。

ジバンシィは、自らブティックに出向いて接客にあたった。アメリカ版ヴォーグは、高級百貨店バーグドルフ・グッドマン内の店舗で顧客とあいさつを交わすジバンシィの写真を採りあげている。ヴォーグ・パリもまた、マディソン街に1985年に開設したジバンシィ念願の初路面店にまつわるストーリーを掲載した。記事には、新作のプリント入りシフォンをまとったモデルの肩に腕をまわし、お店の窓を背景にポーズをとるジバンシィの写真も添えられている。ブティックには、服をトータルにそろえるという顧客のニーズに応えたい、というジバンシィの想いが詰まっていた。マディソン街のブティックには、「帽子の形を整えたり、季節感を演出したり」しているジバンシィの姿がよくみられたという。

p.26　赤いジャージー素材のジバンシィのジャンパースーツ。カットに頼らず、ファブリックそのものの特性を活かして形を作っている。ヴォーグは「ウェスト部分をよりカジュアルにするのがトレンド」と評した。
（写真＝ヘンリー・クラーク、1954年）

p.27　ヴォーグは「完璧な仕立てのスーツだが、どことなくソフトな雰囲気を醸しだしている」と評価。
（写真＝サビーヌ・ヴァイス、1959年）

ヌーベル・ブティック・コレクションはオートクチュール・コレクションよりも若々しい雰囲気で、着る人の生活スタイルを念頭に置いて入念にデザインされた。コートとズボン、チュニックとズボンの組み合わせや、スカートとシャツというスタイル、さらにはバラエティ豊かなセーターの数々が店内を彩った。アメリカ版ヴォーグでは、マリサ・ベレンソンをはじめとするハリウッド映画のスターたちがコレクションのモデルとして起用された。エルザ・スキャパレリの孫娘にあたるベレンソンが着用したのは、ミディ丈のカーキ色のレインコートだった。素材はコットンとポリエステルで、ボタンを2列に配し、腰までたれるケープとベルトが付いている。撮影を手がけたのは、ベレンソンの妹のベリー・ベレンソンだった。アメリカ版ヴォーグはまた、デニム地のボタンスルードレスも採りあげている。作業着のようになりかねないジャンルだが、ジバンシィの手にかかると魅力的に仕上がるというお手本のような作品だった。ネイビーのデニムには淡いれんが色でペイズリー柄のプリントが施されており、襟はなく、腰の部分は細いベルトで引きしめられている。ほっそりとしたそでにはカフスがつけられ、ヒップ部にはスリットを入れてポケットを取りつけている。「この夏だれもがほしいブルーデニムのドレス」と絶賛されたこのドレスだったが、掲載された写真では、社会的良識に照らし合わせてぎりぎりのところまでスカートのボタンがあけられていたため、ますます話題を集めることとなった。

イギリス版ヴォーグは、ヌーベル・ブティック・コレクションのなかでも特に万能なアイテムをピックアップ。「新作の白黒の麻のドレス。ハイウエストで、小さなキャップスリーブがついており、小ぶりのボディスから軽くギャザーを寄せたスカートまでボタンが並んでいる」とコメントした。一方ヴォーグ・パリがコレクションのなかから選んだのは、若々しいキュロットドレスだった。青紫色のノースリーブ・ジャージー・ドレスにベルトを締め、ダークトーンのメッシュ・タイツを合わせたスタイルだった。

'エレガンスの秘訣は、自分を自分らしく見せることだ'

ユベール・ド・ジバンシィ

ジバンシィならではのシルエットが特徴のレインボーカラーのドレスは、ファネル・カラー（筒状の襟）、胸、胴部分、スカートの4層から成る。
（写真＝クライヴ・アロウスミス、イギリス版ヴォーグ、1970年）

前ページ
1950年代にジバンシィが描いたファッション・スケッチ8点。鉛筆を使い軽やかなタッチで描かれたこれらのスケッチは、スタジオの責任者たちへの指示という実用的な目的で作成されたもの。

'ジバンシィは、洗練されたエレガンス、そして、磨き抜かれたスマートな装いのスタイルを自身の基準を妥協せずに追求し続けた'

スーザン・トレイン

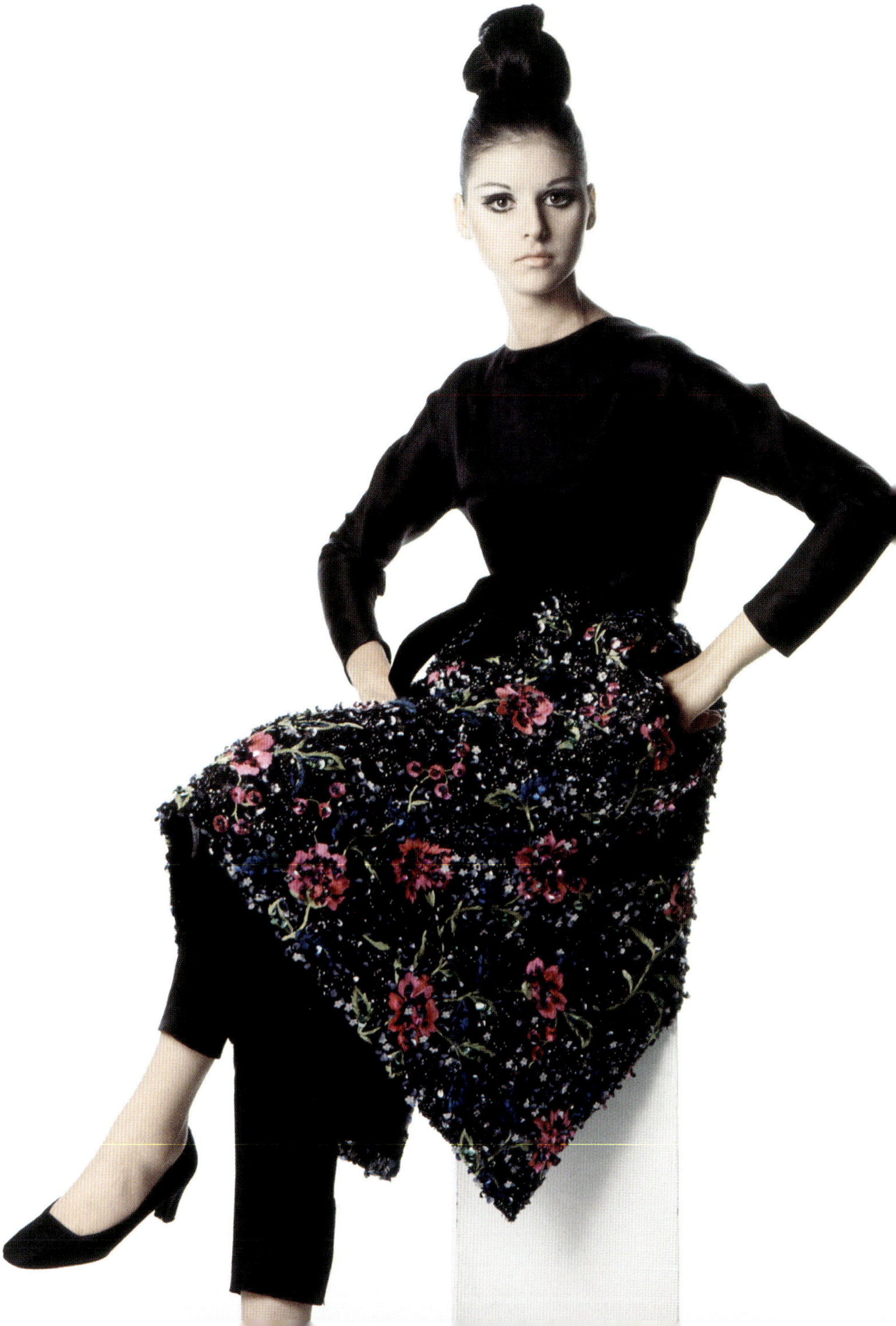

既製服のラインが拡大していく一方で、メインのコレクションも依然として好調を維持していたジバンシィは、究極のラグジュアリーをモダンなスタイルで提供するという事業をさらに進めていた。1968年、アメリカ版ヴォーグは、あるジバンシィ作品をこのように紹介している。「ブラックのサテン地のジャンプスーツは、縦に長いしなやかなシルエットで、エプロンには宝石が惜しげもなく散りばめられている。エプロンも黒いサテン素材で、赤いバラと緑の葉の刺繍をほどこし、その上から赤、グリーン、ブラックのスパンコールが縫いつけられている」。アーヴィング・ペンが写真撮影を担当したことにも後押しされ、この作品はその年の秋のヒット作となったのだった。

1960年代までに、ジバンシィの成功はアメリカでも不動のものとなっていた。ある記者が指摘したように、アメリカ人は「浮ついて」おらず、単純明快な服を好む。ジバンシィが提案するトータルなファッションは、そんな国民性にフィットしていたのだ。ジバンシィが抱えるオートクチュールの顧客のうち、70％以上は北米の顧客だったという。「アメリカ人であろうがイタリア人であろうが、あまり関係はない」とジバンシィはドライな発言をしている。「フランス人女性の方がもっとずっとクラシカルなのだから」。アメリカ人は初めから自分のイマジネーションを評価してくれた、と彼は述べている。しかし、のちに明らかになるように、当のアメリカ人たちが評価していたのはジバンシィのシリアスさだった。後年、ニューヨーク州立ファッション工科大学で「ジバンシィ30周年回顧展」が開催された際に、アメリカンのファンたちがこの点について解明している。第二次世界大戦後のヨーロッパに出現した新世界では、社会における個人というものの新たな定義が模索された。そんななかで、ジバンシィのもつ「ストイックさ、抑制された美、厳格さ」が歓迎されたのだった。回顧展開催当時、アメリカとフランスが政治的に緊張関係にあったことを考えれば、ジバンシィの作品が「フランスの伝統が今日もしっかりと息づいていることを明確に示し、実証している」と評価されたことは、本人にとってデザイナー冥利につきる出来事だったであろう。回顧展の図録の執筆を担当したロバート・ライリーは、ジバンシィは伝統をしっかりと継承しつつ、時代の空気にも敏感だったことを指摘している。図録には、「わたしは伝統主義者だが、今この時代を生きられることを本当に幸せに感じている」というジバンシィの言葉が引用されていた。

アメリカ版ヴォーグは1968年、このように評した。「ワンピースタイプのジャンプスーツは、パンツというジャンルに新たな息吹をもたらした。のど元からくるぶしまで続くほっそりとしたセクシーなラインは、パリ・コレクションを颯爽と駆け抜けた」。ジバンシィが思いついたのはこのジャンプスーツを、宝石を散りばめた刺繍入りエプロンと組みあわせることだった。(写真＝アーヴィング・ペン)

34ページ　ばっさりと広げられたケープの下からのぞくクラシックな雰囲気のキュロットドレス。カットに対するジバンシィの飽くなきこだわりが随所に感じられる。(写真＝R・J・カビュイ、1971年)

'クラシカルであるということは、
退屈ということでは決してない'

ユベール・ド・ジバンシィ

'ユベール・ド・ジバンシィの顧客たちにはライフスタイルに一定の共通点がある。その意味でジバンシィはクチュリエのなかでも稀有な存在といってよい。舞踏会用の華やかなドレスがあればよい、という人は彼の顧客には少ない。むしろ彼女たちは『ごく日常的な』服であるスーツを買いそろえたいというニーズを共通してもっていたのだ'

マリー＝ジョゼ・レピカール

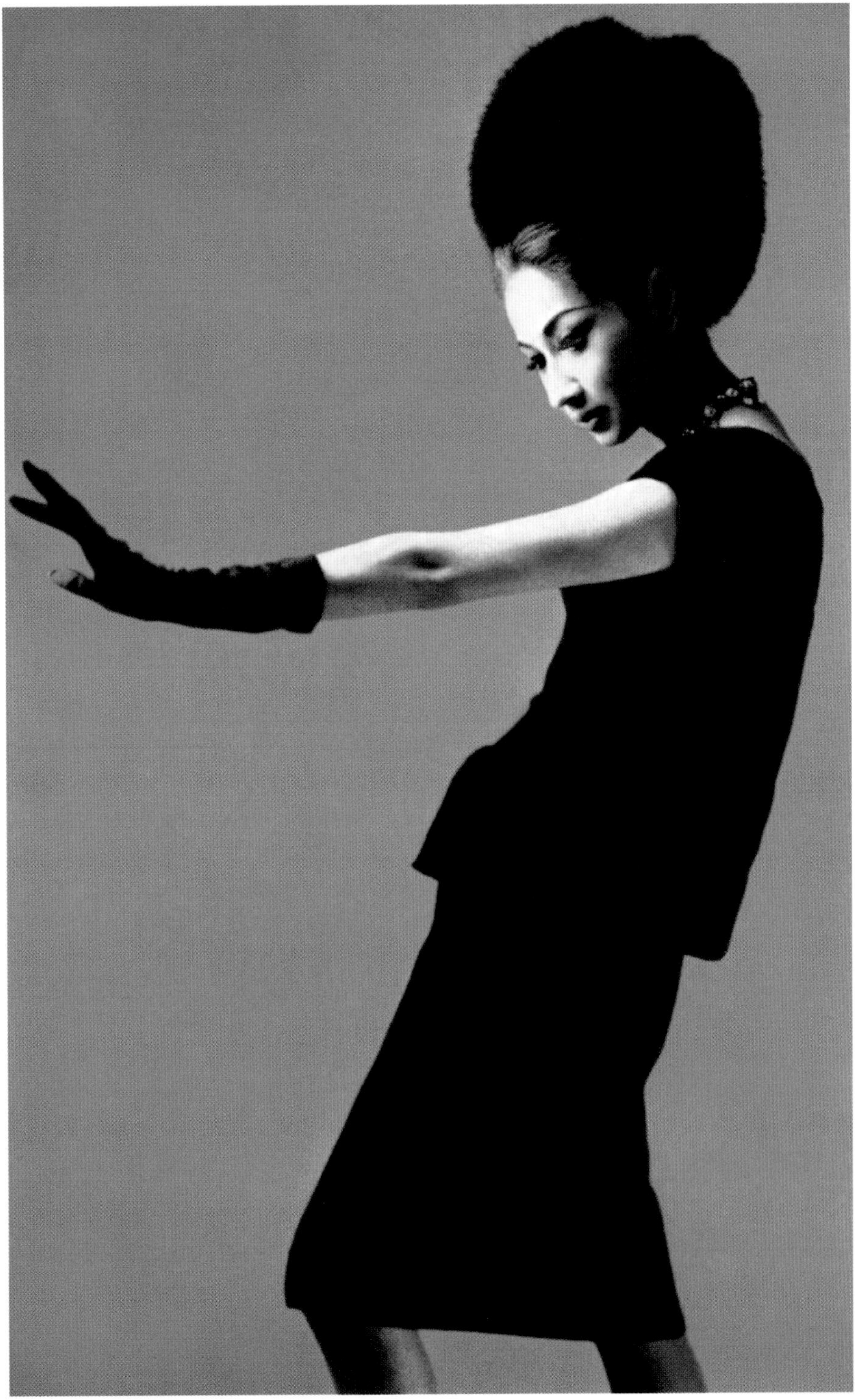

これは、人生一般についてのジバンシィの発言であるが、彼がこれほどまでの充足感を味わえたのは、事業の成功によるところが大きかったであろう。ジバンシィ・ブランドは順調に海外展開を進めていた。まずは販売店のバイヤーやメーカーを通して地盤を固め、次に既製服、さらにはライセンス契約と着実に事業を推し進め、商業的成功を収めるとともに業界での確固たる地位を築いていったのである。特にアメリカと日本においては、現地メーカーにライセンス契約という形態で製造権を付与することで、潤沢な利益をあげることができたという。ジバンシィ・ブランドは、1970年代には、ファッションからアクセサリー、付属品から化粧品、香水にいたるまですべてを網羅するまでになり、女性客は他に行かなくてもジバンシィの店で一通りのものを買いそろえることができるようになっていた。その魅惑的でバラエティ豊かなコスチューム・ジュエリーのコレクションはまさに至宝であり、足用のジュエリーまであるという念の入れようだった。

ジバンシィ・ブランドの世界をさらに広げたのが、1957年に設立されたパルファム・ジバンシィだ。1958年に香水「ランテルディ」が発表されると、ジバンシィの香水の存在はヴォーグの読者にも広まった。ランテルディについてイギリス版ヴォーグは「エキゾチックで、ミステリアスで、悩ましい香り」と形容している。ランテルディは、気に入った香水がなかなか見つからないと嘆くオードリー・ヘップバーンに捧げられた商品だといわれている。ヴォーグは、誌上で採りあげた服にパルファム・ジバンシィの香りを添えるよう、読者にたびたびアドバイスした。ジバンシィの兄ジャン・クロードを経営者に迎え、こぢんまりとしたスタートを切ったパルファム・ジバンシィだったが、香水やオードトワレ、美容品や化粧品といった女性向けの商品に加え、男性向けのラインも投入し、着実に業績を伸ばしていった。香水とコロンをブレンドした革新的な商品「ムッシュ・ド・ジバンシィ」は、本格的な香水を使うことにためらいを感じていた男性たちに歓迎され、大ヒット商品となった。1981年にパルファム・ジバンシィがヴーヴ・クリコに売却されたことを受け、ジバンシィは1985年、香水「イザティス」のプロモーションのモデルとして自らヴォーグ・パリの誌上を飾った。掲載されたカラー写真には、スーツに身を固めたジバンシィがイザティスの瓶を模した巨大なモックアップの傍らにたたずんでいる。「すらっとして、スレンダーでエレガント」だというこの香水のスタイルは、まさにジバンシィ自身のシルエットを思わせた。

1985年にヴォーグ・パリに掲載された「あるクリエイターの肖像」と題されたジバンシィ・パルファムの広告。ジバンシィは、イザティスの瓶とともにリラックスした姿を見せている。写真の下には、6種類の香水の名前がジバンシィの直筆で記された。

前ページ アメリカ版ヴォーグが「アフターシックス」向けに推したのが、ジバンシィのツーピースのブラックドレスだった。「背中はぴんとし、腹部は丸い店のようなカーブを描き、ひらひらとはしないが深めのひだ飾りがラインに沿ってついている」。
(写真=カレン・ラドカイ、1963年)

PORTRAIT D'UN CREATEUR

Eau de Givenchy *l'Interdit* *Givenchy III* *Ysatis* *Monsieur de Givenchy* *Givenchy Gentleman*

GIVENCHY PARIS
PARFUMS

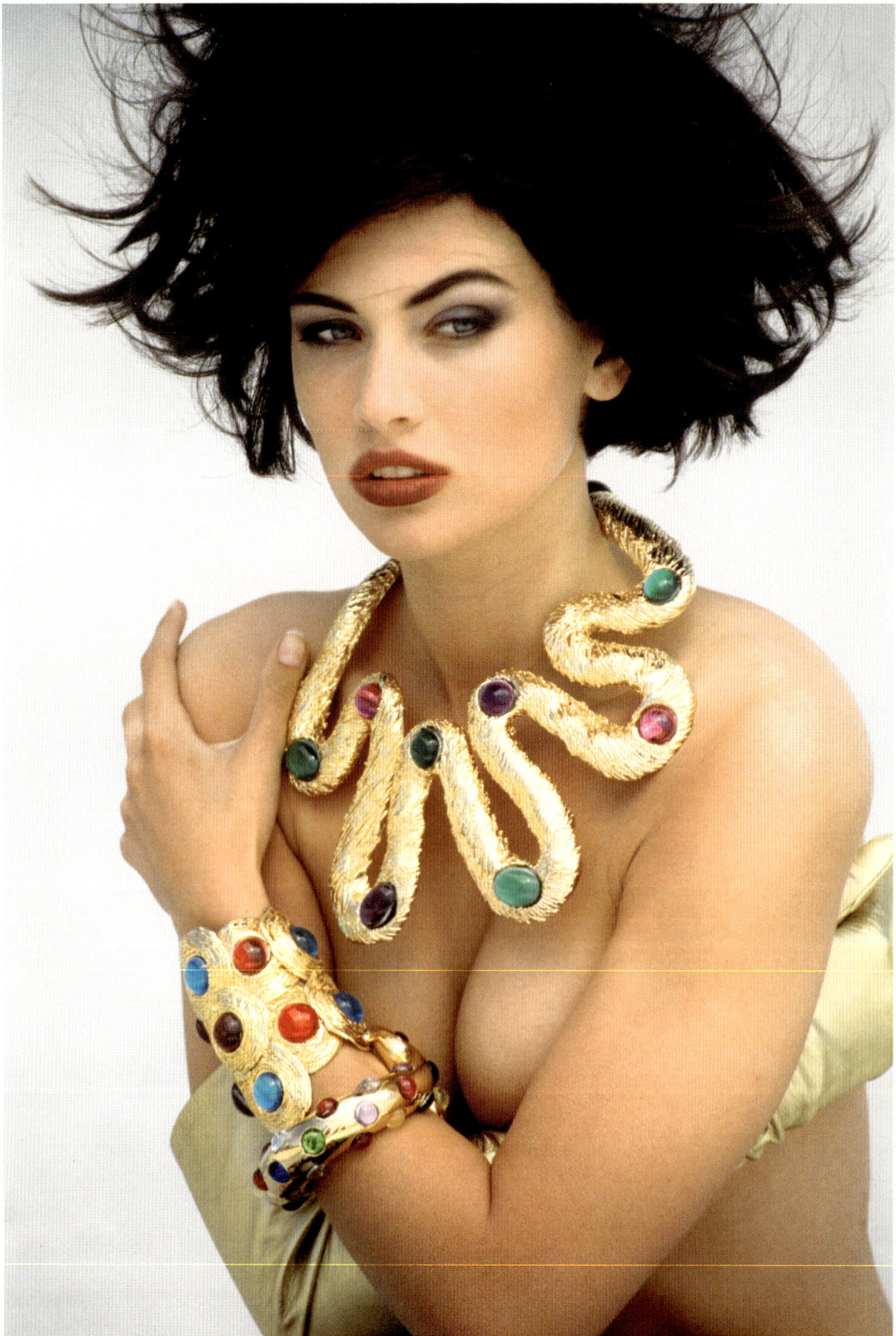

ジバンシィは、そのクチュリエ人生を通して常にサロンの経営に積極的に関わり、新たなコレクションやラインの投入から店舗網拡大にいたるまで、あらゆる活動に精力的に尽力した。海外展開も自ら推し進め、国際見本市やファッション・フェスティバル、フレグランス・フェスティバル、美容シンポジウム、フランス・イタリア・スイスのファブリックメーカーのプレゼン、大手百貨店でのプロモーション、チャリティーイベントなどに参加するため、世界中を飛び回った。

　ジバンシィの企業家精神はオートクチュールにとどまらず、その関連分野でも発揮された。ジバンシィは、インテリア・デコレーションも本業のデザインの延長線上としてとらえており、実際にそういった仕事も舞い込んだ。代表的なのが、1977年に引き受けたブリュッセルのヒルトン・ホテルを改装する仕事である。コレクションで愛用しているクリーム色、ひすい色、ダークブラウン、藤色、ブルーといった色を駆使し、ジバンシィはホテルの5階分を鮮やかに蘇らせた。1980年にはインテリア・ファブリックの分野に進出をはたし、さらには家庭用リネン、壁紙、テーブルウェアへと活躍の場を広げていく。また1984年には、思い入れの深かったインド更紗の第1号コレクションも投入している。自動車メーカーもまた、エレガントさで定評のあったジバンシィを頼ってきた。1977年、ジバンシィはフォードの高級車「リンカーン」の大型クーペ「リンカーン・コンチネンタル・マークⅤ」の内装を手がけた。車体内部にはひすい色のレザーを用い、部品にはジバンシィのサインとブランドマークが刻印されていた。これに次いで1984年には、日産が展開する「日産ローレル」の限定車の内装もデザインした。アメリカ版ヴォーグは、自動車に対するジバンシィの関心を1969年の段階ですでに見抜いていた。同誌には、自動車整備士が着るつなぎを模したスエードの服を身にまとってポーズをとるジバンシィの写真が掲載されている。一緒に写っていたのは、小型ながらどんな悪路でも走行できるシトロエン・メアリだった。

'現代にぴったりマッチするリュクス感'

ヴォーグ

「布であろうが金属であろうが、ゴールドこそがイミテーション・ジュエリーのセッティングにはふさわしい」とはヴォーグの評。「羽のように軽い」ネックレスと特大サイズのバングルには、表面に金属加工をほどこした新素材が用いられている。2点ともジバンシィ・ヌーベル・ブティックで展開された。
(写真＝パトリック・デマルシェリエ、1990年)

ジバンシィは、一大メゾンとなったジバンシィ・メゾンの経営者としてその腕をふるうと同時に、クリエイティブ面でもリーダーシップを発揮し続けた。この点はもっと評価されてしかるべきであろう。経営のプロを雇うことなく自らそれをやってのけたということはまさに驚異的といえる。パリのモードと衣装の博物館のチーフ・キュレーターとして1991年に「ジバンシィ：創造の40年間（Givenchy: 40 years of creation）展」の図録を共同執筆したカトリーヌ・ジョワン＝ディエテルルは、この点についてこう記している。「ジバンシィはアーティストであると同時に敏腕経営者でもあった。横柄なまでに厳しく断固とした態度で、一切の妥協も許さずにスタジオを取り仕切った」。

　ジバンシィの仕事ぶりを実際に目にしたヴォーグのライターは、彼のこうした経営姿勢には、幼少期に受けた厳格なしつけが影響しているのではないかと推測している。以下の記述からも、彼のそうした傾向がうかがえる。「ジバンシィは早朝にアトリエにやってくると、脱いだジャケットを丁寧にハンガーにかけ、白の仕事着のボタンをひとつひとつ丁寧にかけていくのだった。その日のフィッティングに用いるトワール（試作用の布）は、アトリエに持ちこまれた時にはすでに念入りなアイロンがかかっているのが常だった。ジバンシィは、候補となる布地を一通りアトリエに持ってこさせた。それをアトリエの責任者がひとつずつマネキンにかけていく。気に入ったものがあればジバンシィがスケッチに書きとめ、責任者に渡して制作を進めるという流れだった。ジバンシィの完璧主義は徹底しており、フィッティングの際も『これはいい』という言い方はせず、『これはさっきのよりはましだ』というような感想に終始していた」。

ジバンシィのダークブラウン・スエードのガウチョ・ジャンプスーツを着たジーン・シュリンプトン。デヴィッド・ベイリーが1971年にパリで撮影。大ぶりのストールと大きな帽子をかぶったスタイルをヴォーグは「アライグマの毛皮にすっぽりくるまれたよう」と形容している。

次ページ
左：イラストと写真を組みあわせたアメリカ版ヴォーグ1954年4月号の表紙。アーウィン・ブルーメンフェルド撮影の女性の顔のクローズアップ写真を背景にして、ジバンシィのジャージー素材のリトル・ブラック・ドレスを着た女性を描いたルネ・グリュオーのイラストを配している。
右：この麦わら帽についてイギリス版ヴォーグは、「意外にも普通のカンカン帽と同じぐらいの大きさだ」と記している。「ジバンシィは、帽子の山の部分を大きくすることで全体をUFOのような形にし、目の錯覚を起こさせている。上から見るとどんな大きな頭でも入りそうだが、中を見れば何の変哲もない帽子だということがわかる」。（写真＝カレン・ラドカイ、1955年）

'ジバンシィは女性たちのための服を作ったが、その服に命を吹き込んだのは女性たちだった'

カトリーヌ・ジョワン＝ディエテルル

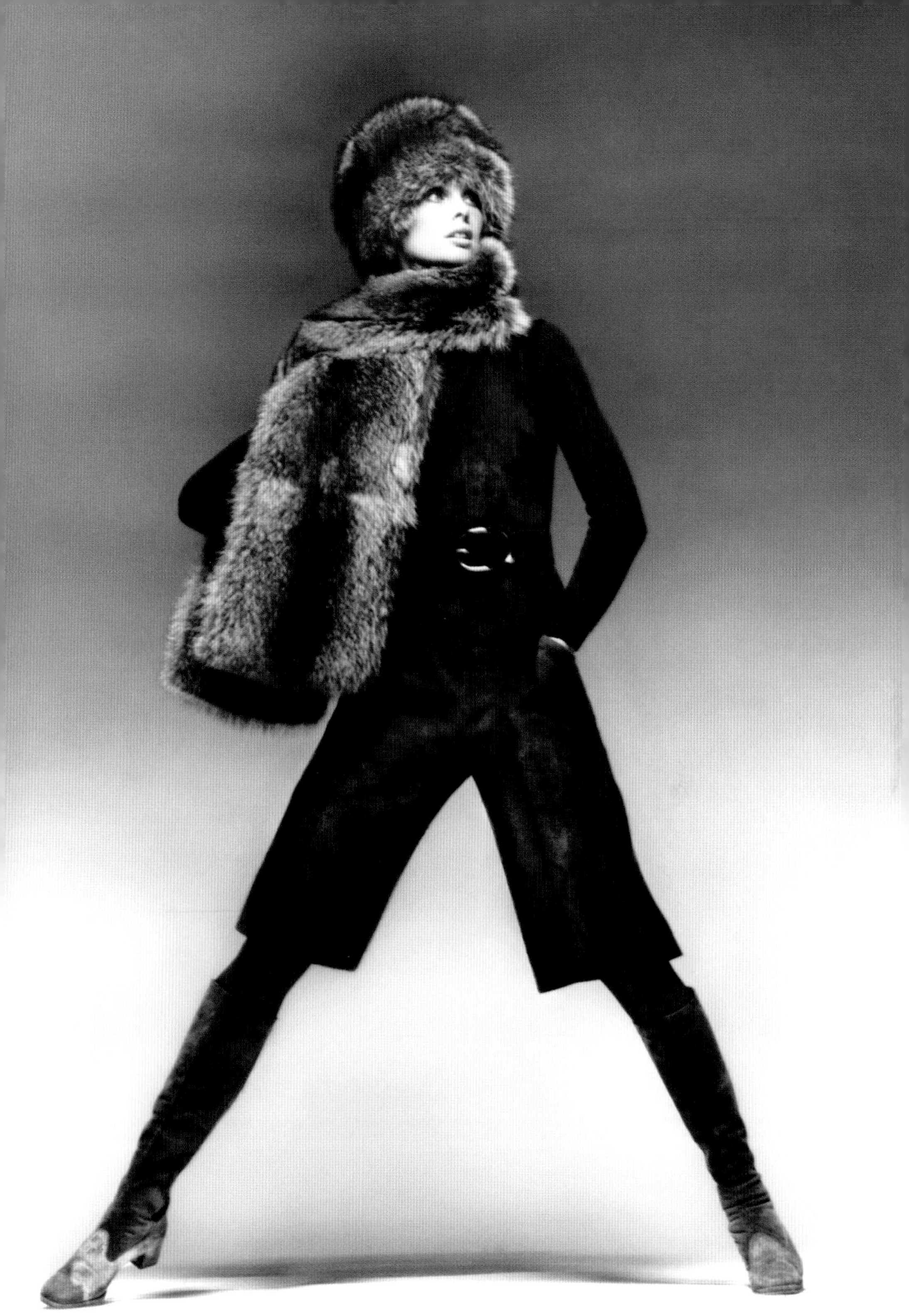

APRIL 1

VOGUE

New look at fashion:

First Paris copies

Stocking dress, big hat

7 new make-up ideas

.... 50 CENTS

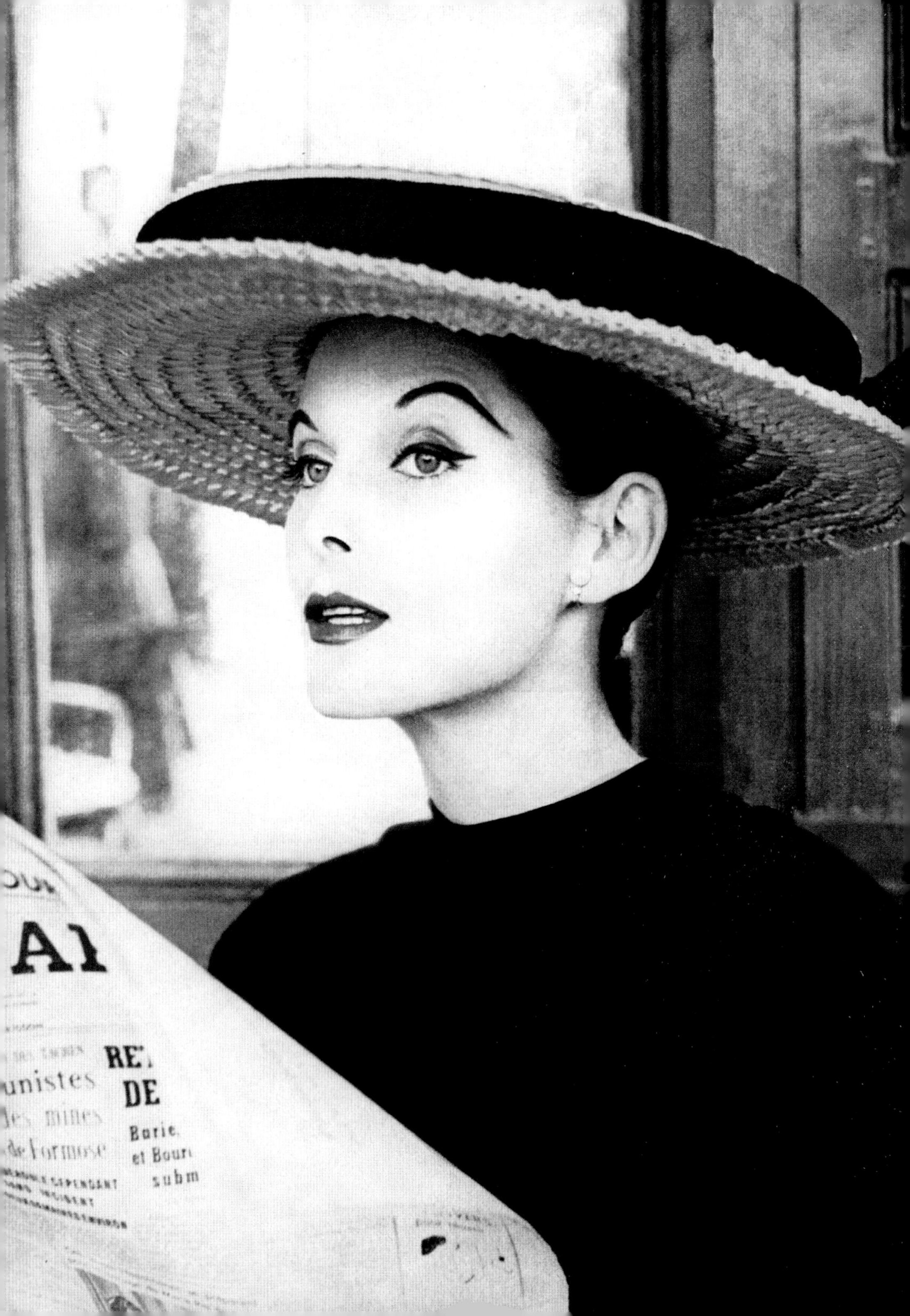

unistes
de Formose
DE
et Bour
subm

『これは彼の一番の得意技が
　まさに発揮された代表作ね』
オードリー・ヘップバーン

イメージの創り手たち

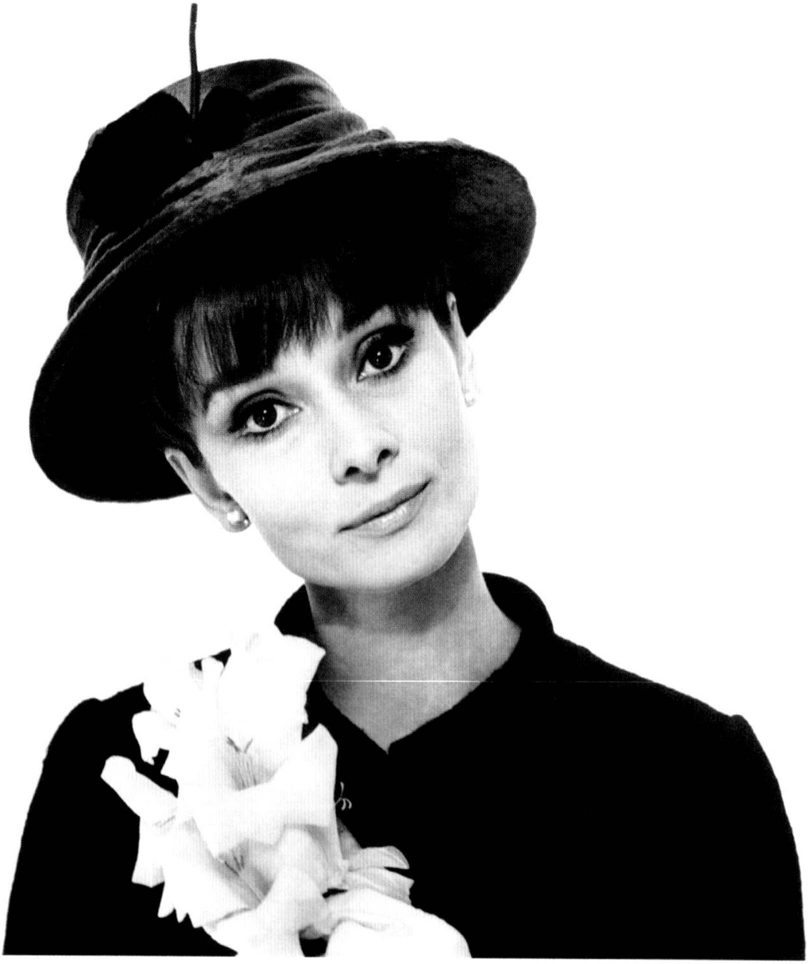

セシル・ビートンのデザインを
ジバンシィがリメイクした衣装で
イライザ・ドゥーリトルに扮する
オードリー・ヘップバーン。
リメイクされたのは、
薔薇の造花をあしらった
エメラルド・グリーンの山高帽。
（写真＝セシル・ビートン、1964年）

次ページ
ジバンシィのイブニングドレスを着る
オードリー・ヘップバーン。
左：アメリカ版ヴォーグは、
「夜に咲く花のように襟ぐりが深く、
体にそってカーブを描く、
透けた水玉模様の
シャンタン地のドレス」と説明。
右：濃淡のあるチャイナブルー・
プリントの浮きだし模様入り
シルク・ドレスを着くずして。
ヘップバーンは「このリボンつきの
ストリングビーン・ルックは
大のお気に入り」とコメント。
（写真〈左右とも〉：バート・スターン、
1963年）

　オードリー・ヘップバーンとジバンシィのクリエイティブなコラボレーションは、多くの話題と魅力的なファッション写真をヴォーグにもたらした。ジバンシィはイギリス版ヴォーグに、「わたしたちは、すばらしい同盟を結んでいるのだ」と告げた。アメリカ版ヴォーグのコメントはこうだった。「ジバンシィのイマジネーションに火をつける何かが、ヘップバーンのイマジネーションをも駆りたてている。ジバンシィが服にこめたメッセージを、ヘップバーンが、とびきりのウィットと大スターのスタイリッシュさとともに世界へ発信しているのだ」。ジバンシィとヘップバーンの「同盟」は、1960年代を中心に雑誌の注目を浴び、女優ヘップバーンのファッション・モデルやコレクション解説者としての才能を開花させた。ヴォーグの3カ国版で、自身のスタイルとジバンシィのファッションとの夢の饗宴を繰り広げたヘップバーンだが、彼女自身がこの「同盟」から学んだことも、決して小さくなかったことは指摘しておくべきだろう。映画批評家のアレクサンダー・ウォーカーは、自著であるヘップバーンの伝記のなかで、次のように述べている。「ジバンシィがヘップバーンのイメージ作りに果たした役割の大きさは、映画監督のそれに匹敵する。当時、ヘップバーンをほかの若い女優たちから際立たせていたのは、彼女が放つコスモポリタンなムードだったが、それはジバンシィが身につけさせたものなのだ。ヴォーグ誌上でジバンシィの理想のモデルを演じる彼女を見れば、それは一目瞭然だ。ジバンシィは、ヘンリー・ヒギンズ教授にどこか似ている。ヒギンズ教授とは、ジョージ・バーナード・ショーによる戯曲『ピグマリオン』が原作の映画『マイ・フェア・レディ』の登場人物だが、ジバンシィも教授も、ヘップバーンのイメージに影響を与えたと思われる点が共通している。ヒギンズ教授はマイ・フェア・レディの物語のなかでコックニー訛のある花売り娘、イライザを変え、ジバンシィは現実に、自身のミューズであるオードリーに影響を与えたのだ」。
　1963年、アメリカ版ヴォーグは、このスターのために約10ページもの誌面を割くという前代未聞の特集を組んだ。スタイリングを担当したのはジバンシィ、撮影はバート・スターンだった。その時のデザインの選択理由について、ヘップバーンはひとつひとつにコメントを残している。ヒヤシンス・ピンクのツイード・スーツに濃いピンクのオーバー・ブラウスを合わせた衣装についての感想はこうだ。「色々なピンクを着てみました。特に好きなのはこのピンク。ブラウスがとりわけ素敵に見えるから」。

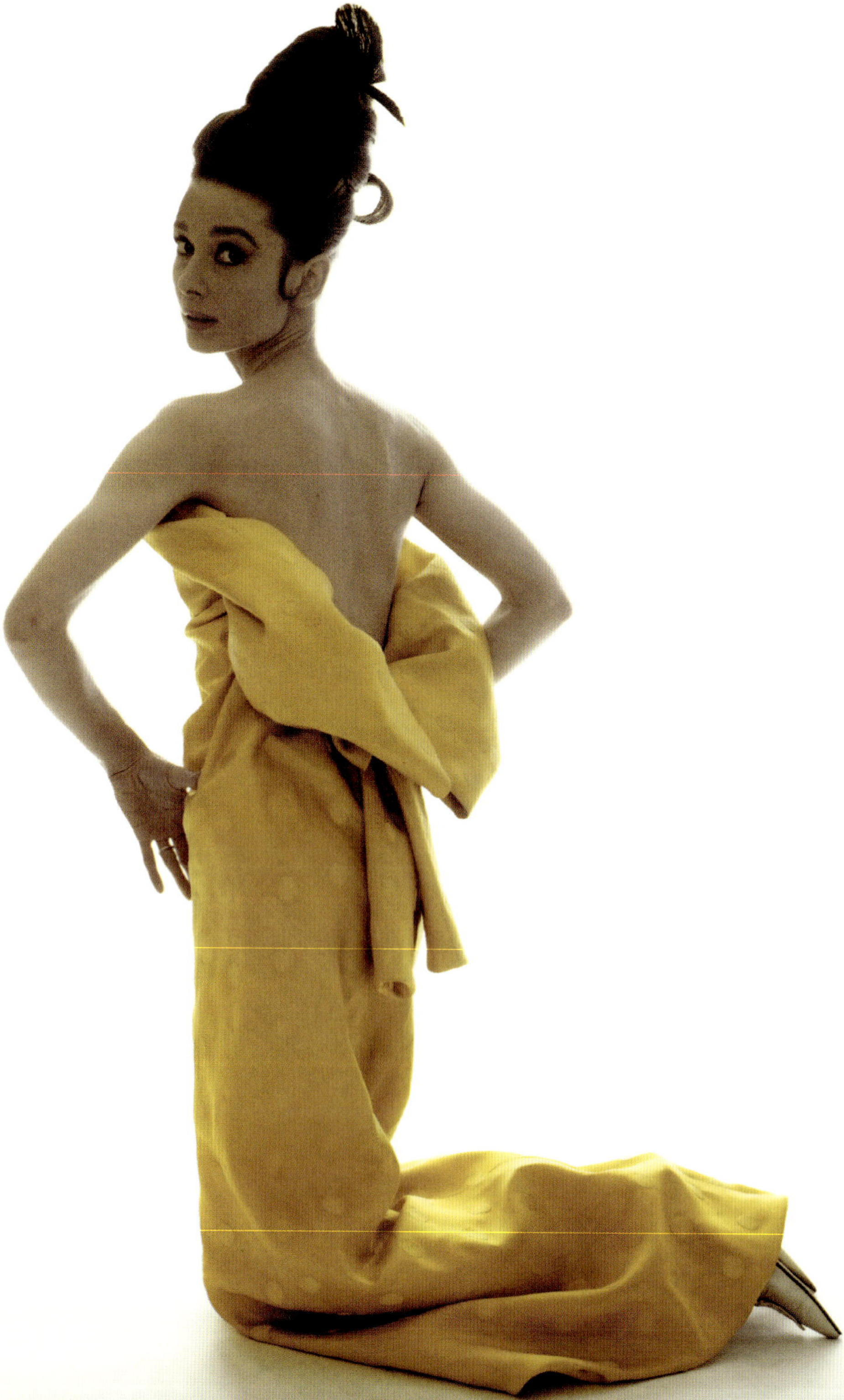

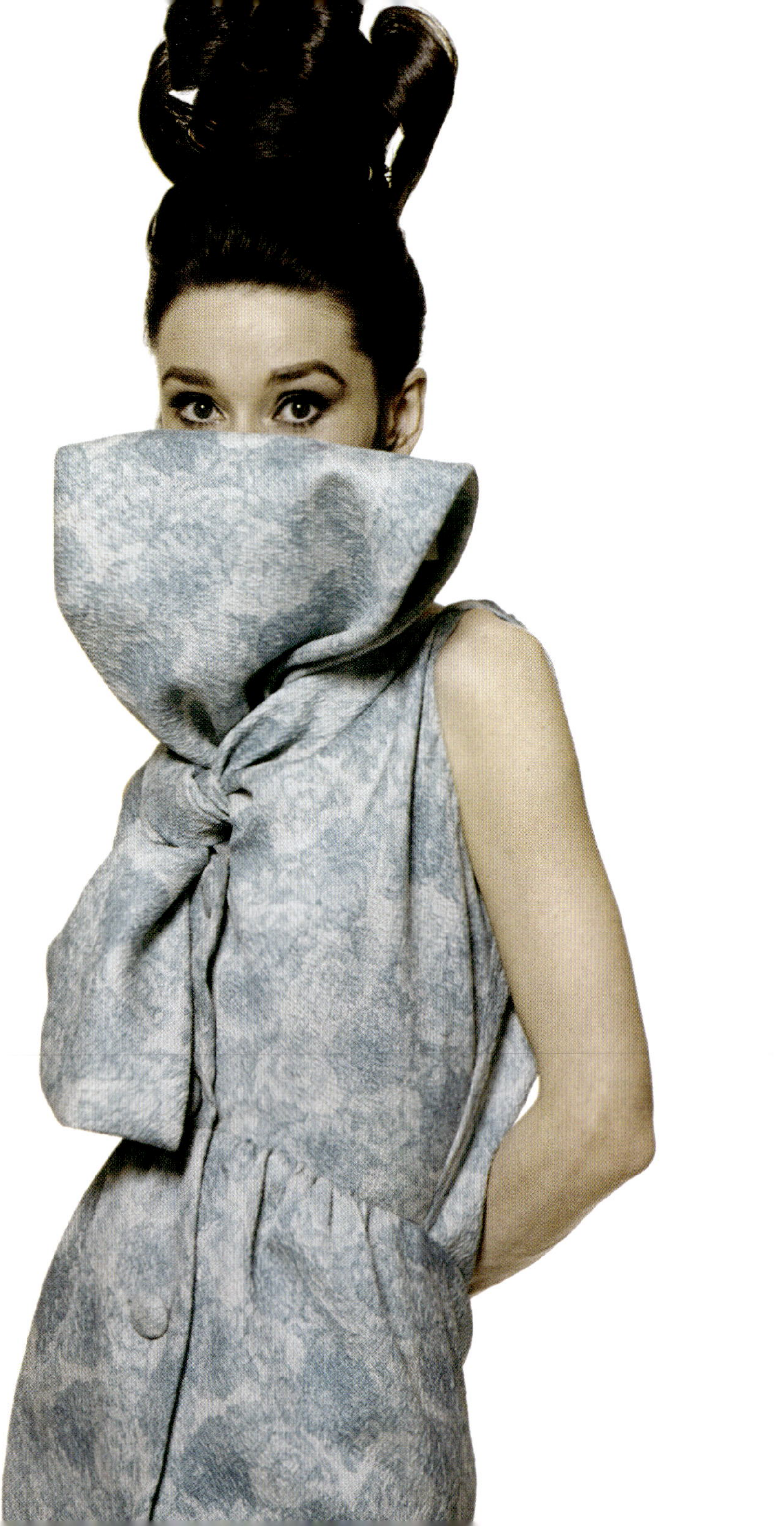

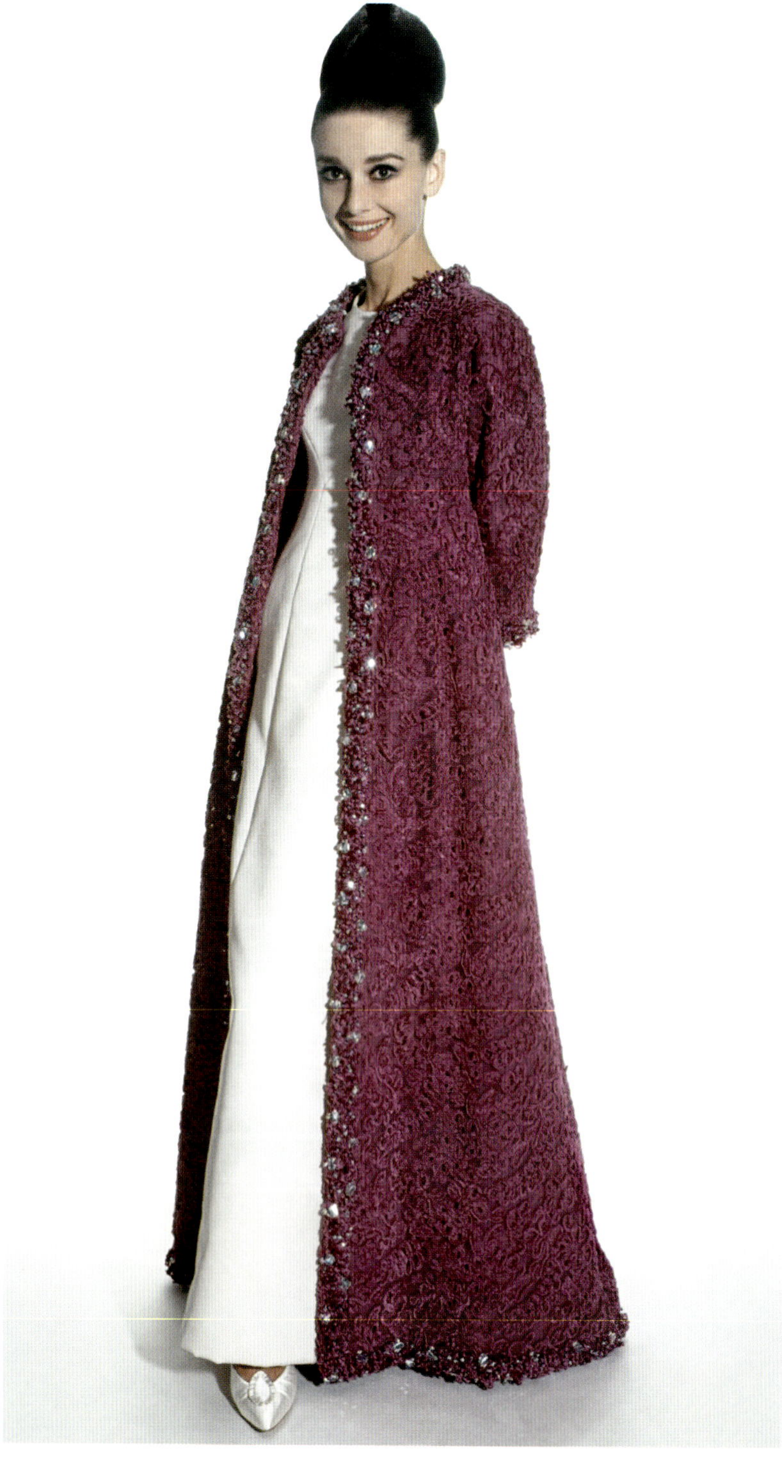

'ジバンシィのテーマの
なかでもとりわけ
魅惑的なのは
夢のように見事な
布地の裁断と成形だ'

ヴォーグ

透けた水玉模様入りシャンタン地のイブニングドレスについては、「なんてかわいらしいのかしら。まるでオニユリのよう。夜に映える素敵な色ね。キラキラ輝いて、元気がわいてくる。それに、ドレスを着たら違う自分になれるなんて、すばらしいことだわ」と評している。別のデザインについてのコメントは、こうだ。「ジバンシィのピュアなデザイン。日中に着たい服だわ。彼の一番の得意技がまさに発揮された代表作ね」。これは、ジバンシィのメゾンを代表する、ノースリーブのオーバードレスを採りいれたジャージー素材の揃いの衣装についての感想だった。短い上着にスカートをはき、そこにオーバー・ブラウスをはおることにより、3ピースの服が立派な正装になった例だ。

　マイ・フェア・レディにまつわるジバンシィの話題は、ヴォーグで何度も採りあげられた。このスターとクチュリエは、アメリカ版ヴォーグのファッション記事でセシル・ビートンともコラボレーションしている。『マイ・フェア・レディ』の舞台の衣装デザインと映画のセット・デザインを担当した写真家だ。1964年、「ザ・ニュー・マイ・フェア・レディ・ハット」と題したジバンシィの4種類のデザインで装ったオードリーをビートンが撮影した。そのひとつは、登場人物である貧しい花売り娘のイライザ・ドゥーリトルのイメージからビートンが考案した、敢えてくすんだ色を使った帽子をジバンシィの解釈でデザインし直したものだった。花が開いた黒い薔薇をあしらった、つばつきのトーク帽だ。地色はエメラルド・グリーンでけばだっていた。オードリーはイライザに扮した姿を撮影された。ビートンはヴォーグ誌上で、「第二次世界大戦前には、オードリーのような格好をする女性はまったくいなかった。（中略）今では彼女の真似をする女性が大勢出現している。街は、ねずみにかじられたみたいな髪型のひどく痩せた若い娘たちであふれている」とぼやいたこともあった。しかしその後は、オードリーがそれまでの美の基準からはずれていたとしても、彼女という存在全体が放つ魅力が、その差を埋めてしまうことを認めたのだった。

　1964年11月、ヘップバーンはアメリカ版ヴォーグの表紙を飾った。ジバンシィによる「エメラルド・グリーン・ベルベット地の、丸みのある小ぶりな山高帽」をかぶって微笑む姿を撮影したのは、アーヴィング・ペンだった。「オードリー・ヘップバーンがヴォーグのために再び、ジバンシィのコレクションからお気に入りを選んで着てくれた」とうたうこの号の目玉のひとつは、紫色のレースのオペラコートを着たヘップバーンのショット。ビーズと刺繍飾りがつき、少し床に引きずるほど丈の長いコート。これに、ウェストを高めにもってきたホワイトサテンの長いローブを合わせたヘッ

アメリカ人好みの昼のファッションに身を包むオードリー・ヘップバーン。ヒヤシンス・ピンクのツイードで、ジバンシィの代表作であるオーバーブラウス——写真のものはウェストにベルトを締めている——に、ショートジャケット、ゆるやかにギャザーをよせたストレート・スカートの3ピース構成。写真＝バート・スターン、1963年

54ページ
アーヴィング・ペンが撮影。1964年、アメリカ版ヴォーグは「ゴシック調タペストリー"ラ・ロメの女王"に描かれた人物のような繊細な美しさが魅力のコートとドレス」とコメント。ホワイトサテンのドレスに、紫レースのコートを合わせて。

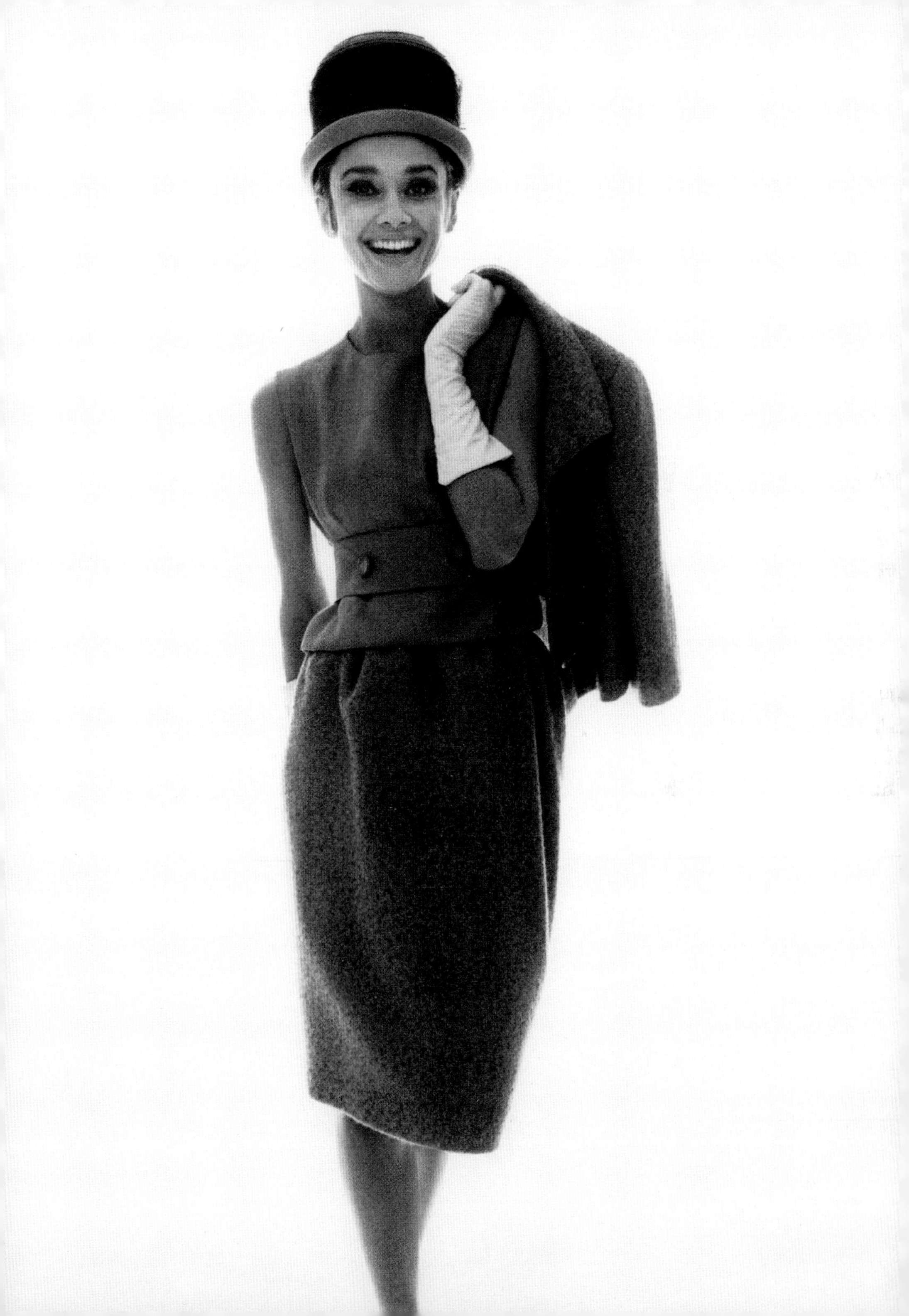

VOGUE ON ユベール・ド・ジバンシィ

'すべての瞬間と
すべての新しい
ファッションは、
彼女のために
生まれてきた。
オードリー・
ヘップバーンは
いつもわたしたちに
そう思わせる'
　　ヴォーグ

ブランド
「ジバンシィ・ヌーベル・ブティック」
の最新作を、ヴォーグ・パリは
「軽やかなロングスカートは
彼女の大のお気に入り…」と紹介。
ジバンシィによる白の水玉模様入り
ネイビーシルクのスカートをはいた
オードリー。ウェストをきゅっと
締めたゆるやかなギャザー入りの
スカートが、すそのプリーツ入り
フラウンス(布を寄せて作るひだ飾り)に
向かってなめらかに落ちている。
(写真＝ヘンリー・クラーク、1971年)

「ジバンシィのイブニング・ドレスは、
魅惑のオーラをはなっている。
とりわけ印象的なのが、濃淡のある赤紫色の
プリント入りシフォン地のホルタートップ・ドレスだ。
前面はウェストにかけて切り込みが入り、
透けるケープが合わされている」。
アメリカ版ヴォーグのパリ・コレクション評より。
(写真=サラ・ムーン、1975年)

プバーンはまるで、ゴシック調タペストリーに登場するいにしえの人物画のようだった。記事の内容から察するに、このコートとドレスは映画『マイ・フェア・レディ』のニューヨーク初公開日のためにヘップバーン自らが選んだものらしい。

　根っからの女優であるヘップバーンは、ジバンシィの衣装デザインがほのめかす役割をしっかり演じていた。1971年、ヴォーグ3カ国版はこぞって、お洒落な田舎女性のためのブランド「ジバンシィ・ヌーベル・ブティック」を着るヘップバーンの特集を組んだ。撮影はローマ郊外の田園風景を背景に行われ、カメラマンはヘンリー・クラークだった。このファッションの中心となったのは、新しいタイプのロングスカートだった。干草のベッド上で丸くなるポーズをとったヘップバーンが着ていたのは、くるぶし丈のドレスで、一枚はシクラメン・シフォン地、もう一枚はガーデンフラワー・プリント地だった。この撮影では、体にぴったりしたネイビー・ブルーの長そでのトップスに、紺地に白い水玉模様の着心地のよさそうなスカートをはいて子羊を抱きかかえ、満面の笑みを浮かべるヘップバーンの姿もとらえられた。スカートは腰できゅっと結ばれ、すそのフラウンスがくるぶしをなでていた。

　こうしたファッション記事は、ジバンシィの多様性をとらえていた。オートクチュール、既製服の如何を問わず、ジバンシィのコレクションは、写真家やファッション・エディターによる演出に花を添えたのだ。1970年9月に、アメリカ版ヴォーグが、モデル兼女優である絶世の美女、イングリット・ボウルティングを特集した。ボウルティングはその記事で、「プルーストを崇拝する家政婦」に扮したが、その衣装として「シャープで、体にぴったり合い、フラウンスつきで、魅惑的な、ベルベットの水玉模様が入り、ベルベットのスカラップ（ホタテ貝のフチのように半円を連ねたような縁取り）もついた紫色のファイユ地のドレス」を身にまとっていた。同じ特集で、健康的な輝きを放つルックスで知られるアメリカの有名カバーガール、ローレン・ハットンも、ジバンシィのセーターにスカートをはいた姿で登場し、モデルとしての評判を上げた。

　シーズンごとのオートクチュール・コレクションから、既製服ラインやオードリー・コレクションまでを考えると、ヴォーグはジバンシィだらけになっていたといっても過言ではない。しかし、誌面からまず目に飛び込んでくるのは、単なる紹介記事というよりは、写真家やイラストレーターたちの作品のクオリティの高さだった。ヴォーグのためのジバンシィを実現するにあたり、ある時点までは、両分野の重要な作家たちのほとんどに順番が回っていたのだ。そして、ジバンシィのデザインを服以外の媒体で解釈する作家たちと、ジバンシィが持つスピリットとの間には、ある種の相乗効果が働いていたと見られる。ジバンシィの服の建築的な輪郭、体との繊細な関係性、

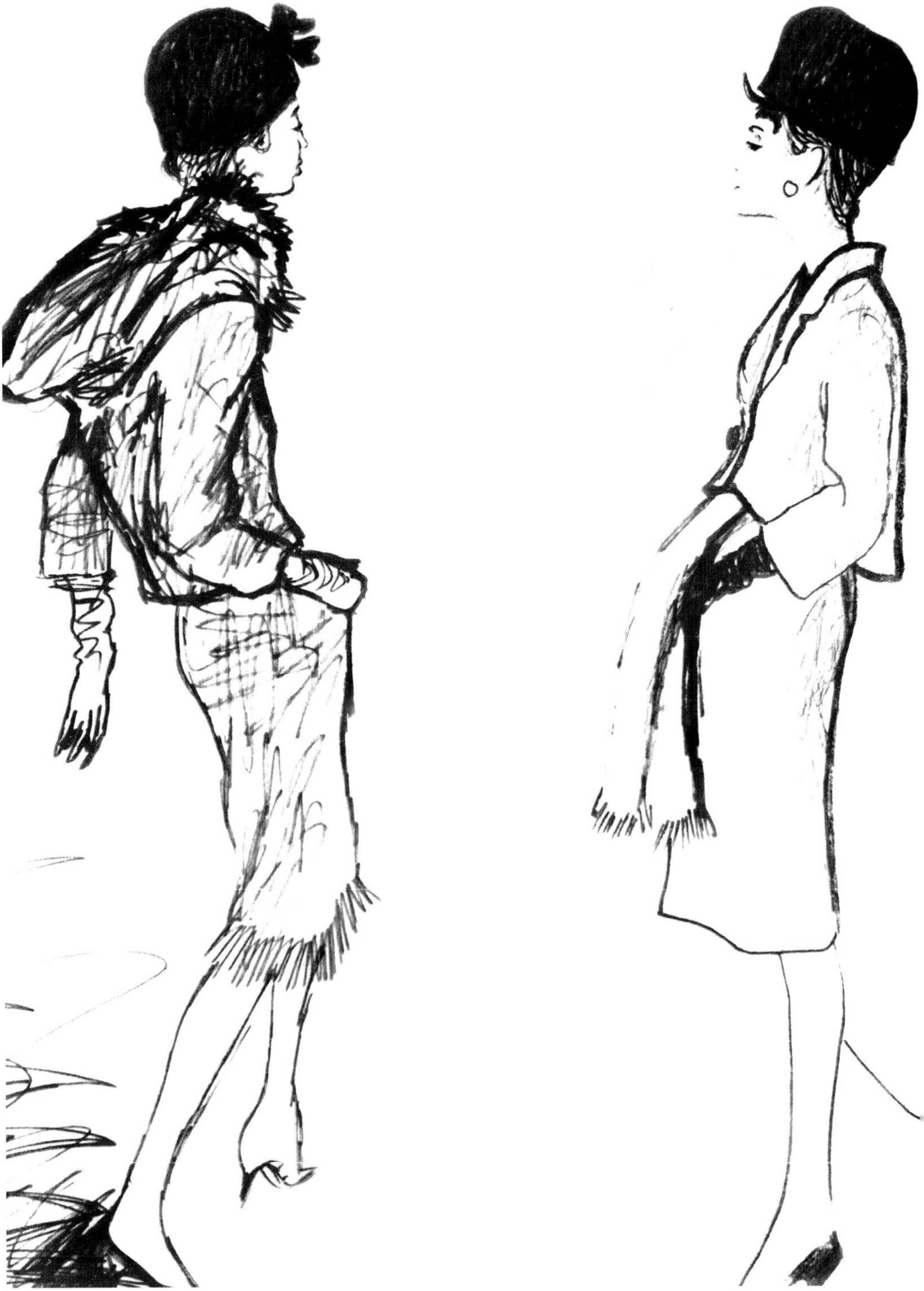

生き生きとした色彩、布地の個性的な組みあわせ、細部の精緻な装飾は、写真家が自らの見解に沿って視覚化できるテーマとなり得たのだ。また、写真家たちは、写真を、ファッションと社会に関する広範なメッセージを発する機会であり、時代精神の小さな記録媒体の役割を果たすこともあると見なしたようだ。

　ファッションにおいて起こっていたこうした現象は、ありのままの形で雑誌にメッセージを送ってきていた。セシル・ビートンは、オードリー・ヘップバーンのファッション写真を撮影するときは、肖像写真家になっていた。ファッション写真家、ホルスト・P・ホルストがモデルをある設定で撮影したときの構図は時代を象徴するようなクオリティだった。1970年にリチャード・アヴェドンがアメリカ版ヴォーグのために撮影した、体に合わせて自然に動く服は、ジバンシィを一躍有名にした。アヴェドンは、まさに映画のスチール写真のように、自身も活発に動きながらモデルを撮影したのだ。ファッション・イラストレーターも同様だった。ルネ・ブーシュはアメリカ版ヴォーグのために、どこか向こうをむいたスーツ姿の人物という異例のイラストを描き、エリック（カール・エリクソン）は、イブニングドレスにロマンチシズムを見いだしていた。ヘルムート・ニュートンとサラ・ムーンは、人間のセクシュアリティのアンビバレントさを劇的に表現できる要素を見つけだした。1950年代にアメリカ版ヴォーグが発表した見解「ジバンシィは女性をおいしそうに見ている」を反映した作品を制作した作家には、アーヴィング・ペン、ノーマン・パーキンソン、バート・スターン、ヘンリー・クラーク、カブリン、ウィリアム・クライン、クリフォード・コフィン、アーサー・エルゴート、バリー・レートガンなどがいた。パリのデヴィッド・ベイリーは、ジーン・シュリンプトンを撮影することにより、イギリスの美女にフランスの洗練性を備えさせた。ギイ・ブルダンは、登場人物がジバンシィを着る心理劇の台本を書き、それに沿って印象的な写真を撮影した。ジャック＝アンリ・ラルティーグは、コメディ感覚を表現。デボラ・ターバビルはモデルに、隠された秘めた生活をほのめかす演技をさせた。ブルース・ウェーバー、エリック・ボーマン、アーサー・エルゴート、パトリック・デマルシェリエ、フランチェスコ・スカヴロ、フランク・ホルバートなどの著名な写真家たちも、この撮影を通じて自らの作品歴を充実させた。

アメリカ版ヴォーグに掲載された躍動感のある日常的なスーツ姿の女性。
この服を着る女性のライフスタイルを想像させるイラストだ。
丈の短い上着、フリンジつきの生地、七分丈のそでは、当時の流行だった。
（イラスト＝ルネ・ブーシュ、1957年）

次ページ
流れるようなシルエット、特徴的な肩部、上下の対照的な素材使いがヴォーグ・パリで高評価を受けた都会的なスーツ。
ヴェール・ブロンズ（グリーン・ブロンズ）ウールのテーラード・ジャケットには、スカート生地と同じブラック・ベロアの縁どりがされている。
シルクプリント・ブラウス、飾りつきの帽子、毛皮のマフもすべてジバンシィのデザイン。
（写真＝エリオット・アーウィン、1978年）

'彼は
時代遅れにはならない。
今あるものを置き換え
新しくしていくから'

マリー＝ジョゼ・レピカール

CAFÉ DE FLORE
AFÉ DE FLORE
VOGUE
BEAUTE
CASA
VOGUE
HOMMES
L'UOMO
VOGUE
Spécial
Prêt
à porter

興味深いことに、1970年代の終わりには、写真家集団マグナムのエリオット・アーウィットが、ジバンシィのモダンさを表現する手段として、ドキュメンタリー風ストリート・スタイルを採用した。ジバンシィが引退する1年前の1994年9月には、マリオ・テスティモが、ジバンシィが最初から採りあげてきたストリングビーン丈と、流線型のスタイルをさりげなく採りいれたロングジャケット・スーツを撮影した。

　ヨーロッパ版ヴォーグのファッション写真でカラーフィルムの使用が増えるようになると、ジバンシィの色使いにスポットが当った。布地や独特な色彩の珍しい組みあわせで高い評価を受けてきたデザイナーにとっては、有利な展開になったのだ。ジバンシィによる「巧みな布使い」が1970年代に噂になり始めたころ、デヴィッド・ベイリーの写真はその特長をすでにとらえていた。玉虫色スパンコールの縦ストライプが入った赤銅色オーガンザのタイトなノースリーブ・ロングドレス。その上に、ガーディガン・スタイルのシャツを重ね着したデザイン。それが、銅のさび色調の陰影を背景にして輝いていた。モノクロ写真では、その美しさの魅力は半減していたことだろう。

イギリス版ヴォーグは「パリにて…ジバンシィによるスパンコールのストライプ入り赤銅色オーガンザ」と説明。ボタンつきのカーディガンとノースリーブ・イブニングドレスが組みあわさったデザインは、ストライプが綾なすジオメトリーが美しい。オーガンザはアブラハム、スパンコール刺繍はレサージュのもの。ジバンシィお抱えの2大専門業者だ。(写真=デヴィッド・ベイリー、1972年)

> '今では作業中に、バレンシアガの手が
> 肩に乗っているような気分になることがある。
> "余分なものを取りさり、シンプルに、ピュアに"
> と語りかけてくるのだ'
>
> ユベール・ド・ジバンシィ

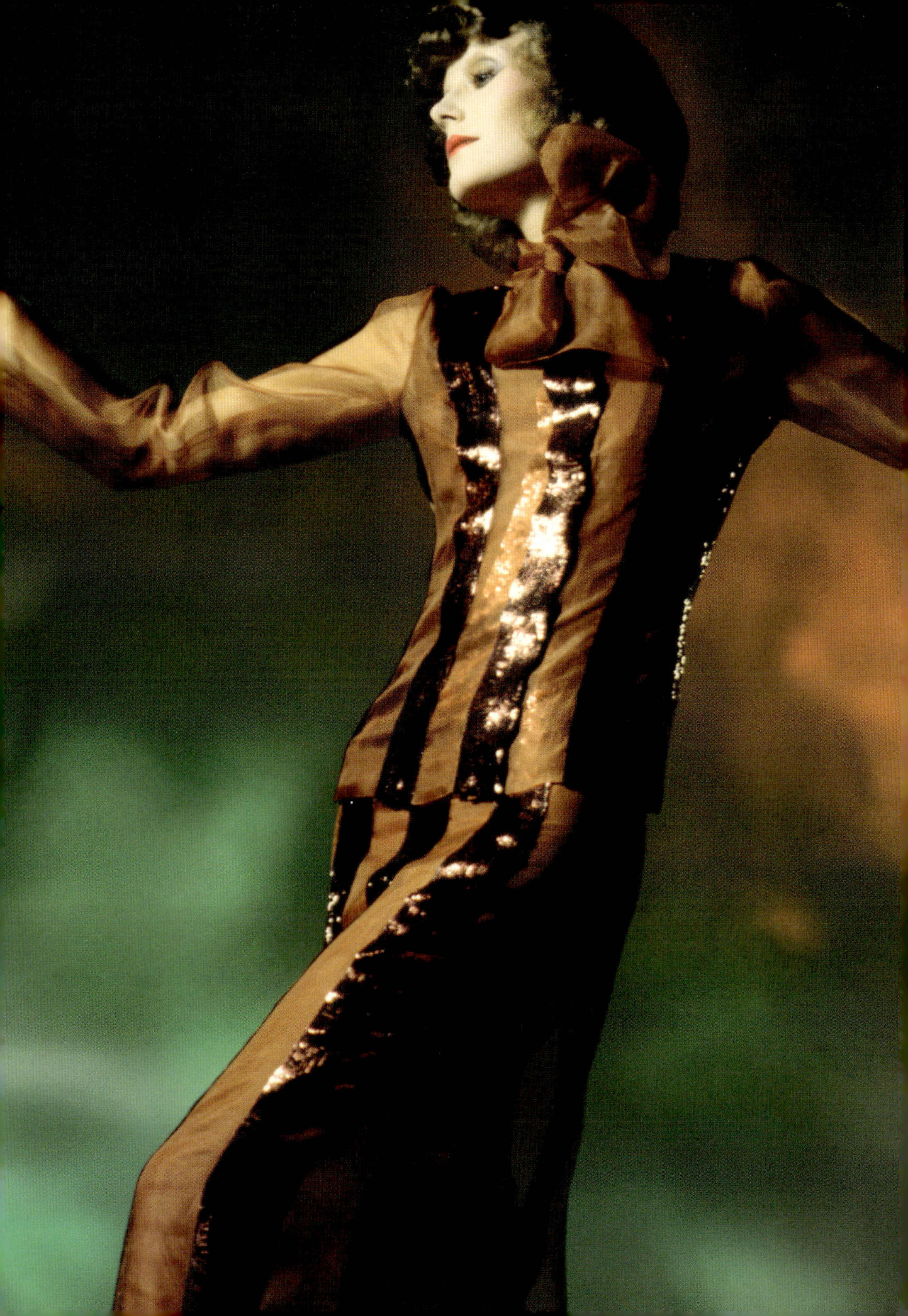

'ジバンシィは、
　独自のスタイルを忠実に守り続ける'
セリア・ベルタン

ジバンシィ・スタイル

ジバンシィの服そのものの美しさをあますところなく味わいたかったら、デザインをオーダーし、それを着てみる以外にはないであろう。オートクチュールという芸術を言葉や写真に変換することは難しい。着用者が自由に決められる、軽妙な仕掛けの無数の集積だからだ。その仕立てや裁断、デザイン、そして、言うまでもなく、質の高いイマジネーションには、かなり高度な知識が必要となる。コレクションのアイデアを考えるとき、ジバンシィは文化や芸術に関する膨大な資料を求めた。たとえば、東洋志向だったジバンシィが集めた資料は、ざっと挙げただけでもアラブ風ローブの比率、中国風のシルエット、ターバン、ハーレムスカート、カシミール・カラー、インドの民族衣装の色使いや形状、きもののそで、サテンとシャンタンを混ぜ合わせた「サタン」の開発について……といった具合である。同時にジバンシィは、自国の装飾美術史にも高い関心をよせていた。

ジバンシィのスタイルのゆるやかな変化は、当時のオートクチュールを支配していたシルエットに対抗する彼のスタンス、つまり、着用者が自由に動けることを重視する進歩的フォルム、から影響を受けていた。ジバンシィは「女性はドレスをただ着ているのではない。そこに、暮らしているのだ」と発言している。ジバンシィが作りだすシルエットには本質的に、締めつけるという感覚はなかったのだ。ヴォーグで紹介されたジバンシィの服の多くは、ベビードールに似た、Aラインの発展形といえる円錐形の影響を受けており、どんなフォルムもウェスト周りはゆったりしていた。ジバンシィのコレクションにはウェストが明確に分かるデザインもあったが、体にぴったりとはしていなかった。ジバンシィが属するオートクチュールの一派は、同時代のデザイナー、クリスチャン・ディオールの動向とは逆行していたのだ。エレガントだがノスタルジックなディオールのニュールックは、砂時計のようにくびれたラインを描き、ウェストはきゅっとくびれ、ヒップが強調されていた。ニュールックに関してよく言われていたのは、抑制と拘束を求める構造物という形容だ。両者間の哲学の違いは、衣服を体に合わせるべきか、それとも、衣服に合うよう体を変えるべきかにある。ジバンシィのアプローチにおいては、布地をわざと硬直させたり、きゅうくつな詰物やコルセットを使用することは避けられていた。

「黒が、美しく華麗な一筆書きのように印象的に使われ、そこに、白がとてもフェミニンに添えられている」。アメリカ版ヴォーグの記事より。ヘンリー・クラークがこのベビードール風ファッションをフランス人画家、ベルナール・ビュフェの絵の前で撮影したのは、1956年のことだった。

次ページ
自立のためのタバード〔伝令官服〕（左）。ジバンシィがデザインしたオリジナル作品は、仕立て方についてのアドバイスとともにイギリス版ヴォーグに掲載された。写真＝バリー・レートガン、1976年
1969年、アメリカ版ヴォーグが発した問いかけは「2枚のペチュニアの花びらのようなセパレートの水着を着る準備はできてる？」。バート・スターンが撮影したジバンシィのデザインは（右）、ブカル社製の型押し仕上げの浮き出し模様入りナイロン素材。

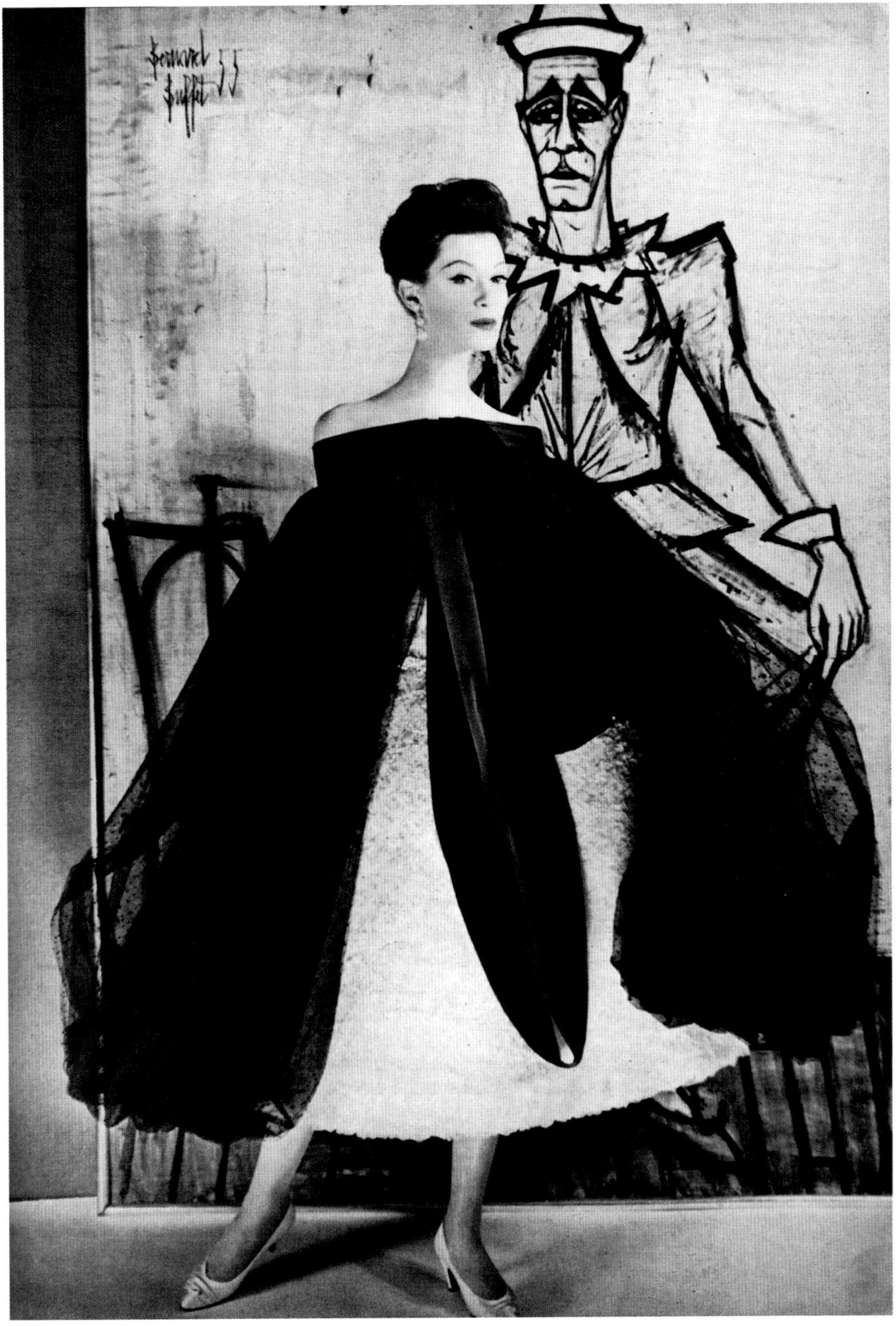
Bernard Buffet 55

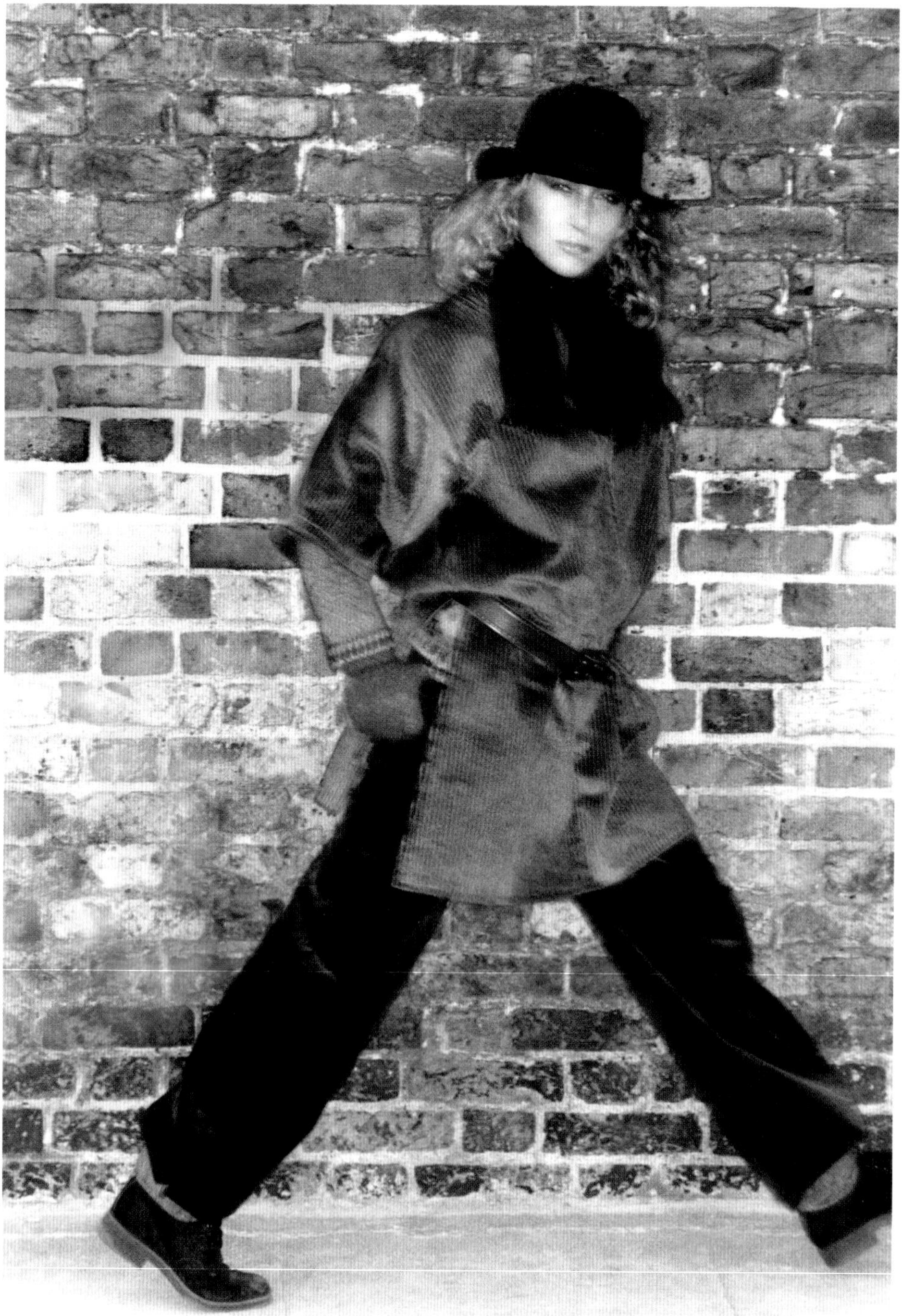

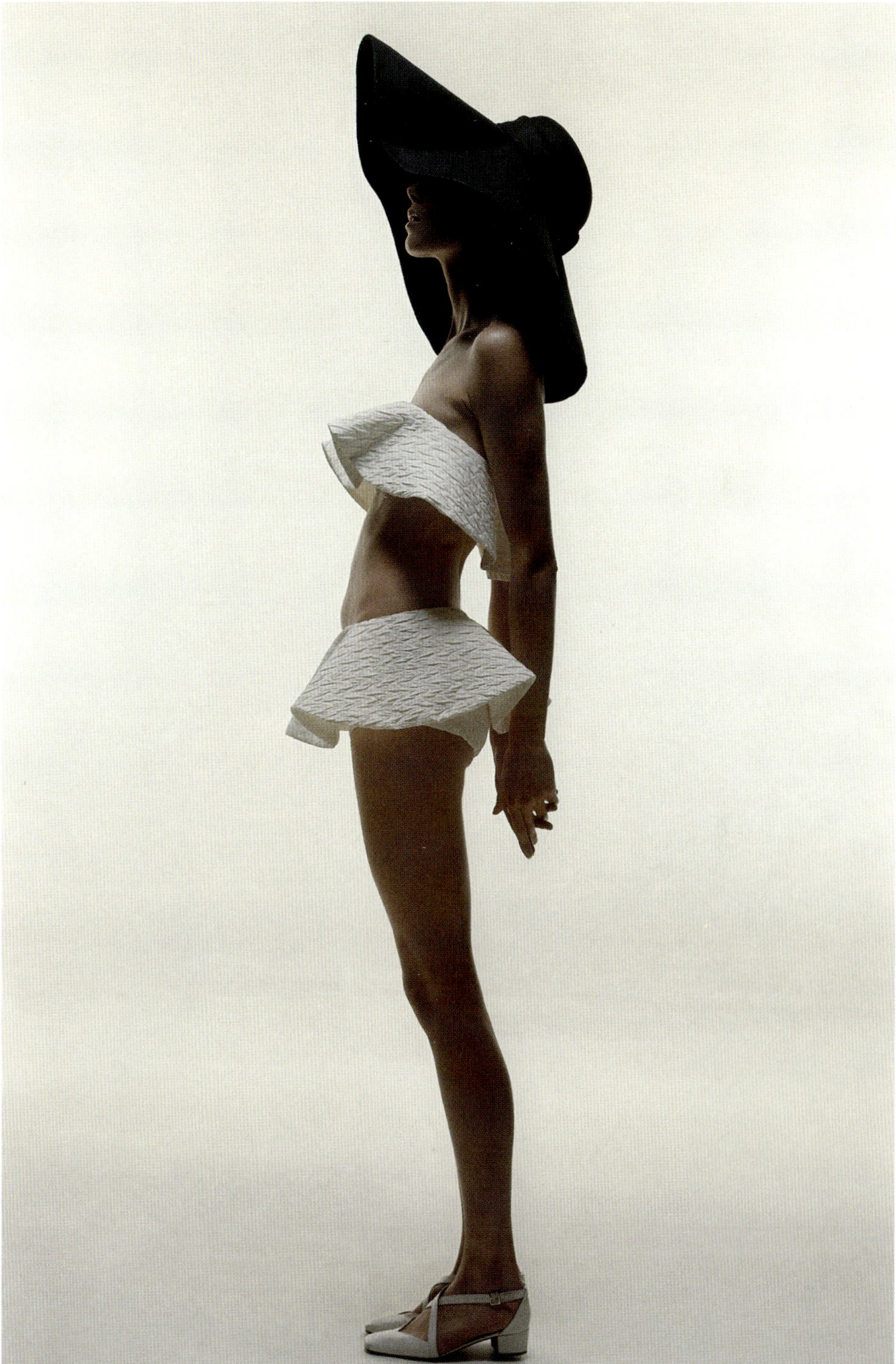

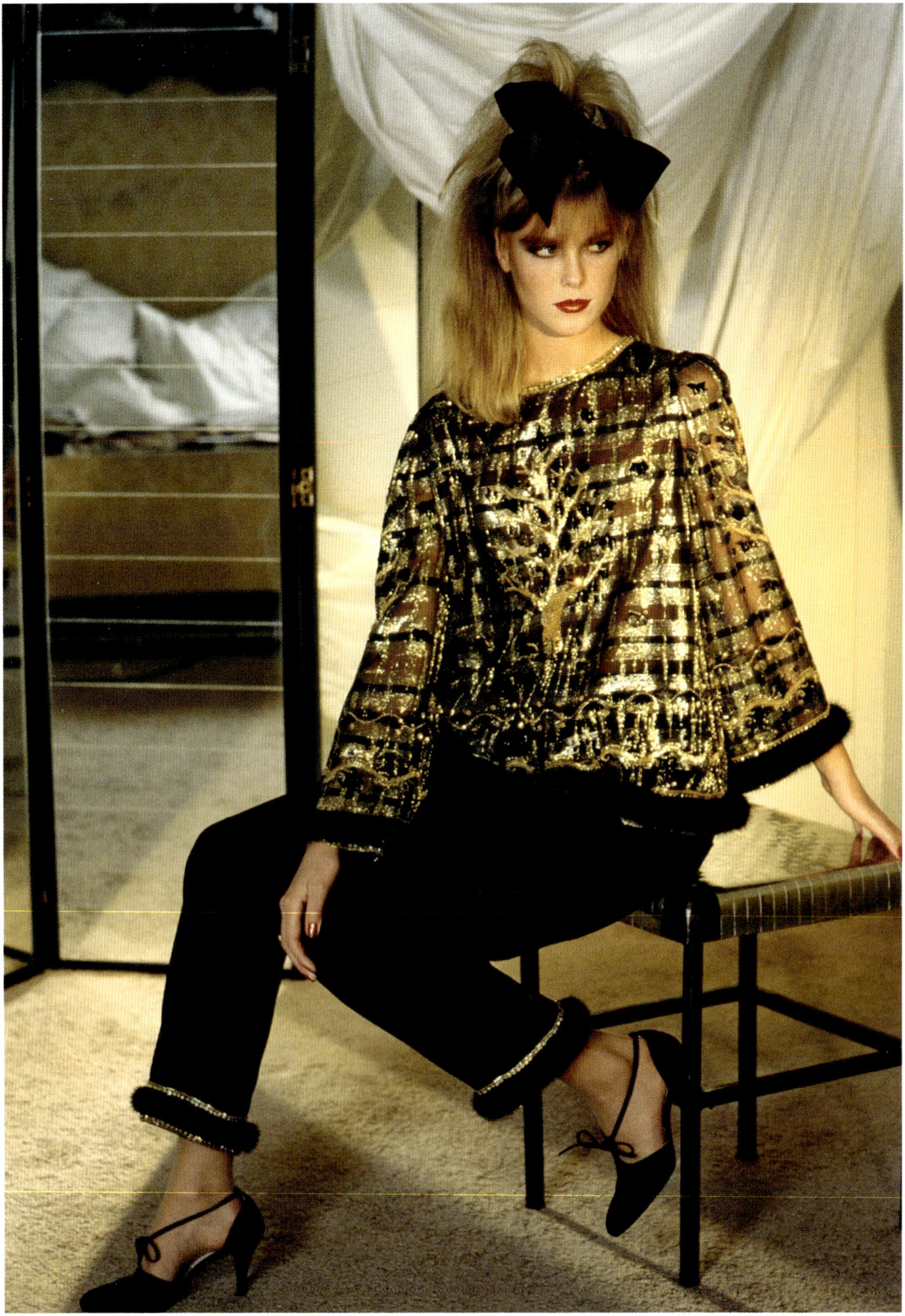

ジバンシィには、衣装歴史家から高い評価を受けるオリジナル・コンセプトがいくつかある。たとえば、小さな襟つきの4段のウール・デイドレス。上の3段が波うち、最後の1段はストレートな、ジバンシィの信条である「比率の調和」が表現された作品だ。ジバンシィの功績のなかでも、オートクチュール志向の顧客に向けたコレクション「セパレート」は、ドレスがはらむ大きな問題のひとつを解決したことで有名だった。その問題とは、ウェストのサイズだ。洗練され、バラエティに富んだジバンシィのセレクションにおいては、女性のウェストが千差万別であるという問題はほぼ解決されていたのである。そで丈に関しては、デザインのバランスを崩さないもの、特に、七分丈のバリエーションを考えることを、ジバンシィは自身に課していた。襟に関しては、たとえばスーツなどに、ぴんと張った形や、ゆるやかなカーブなど、形状が崩れない完璧な襟をつけていた。昼夜の衣服の両方にアシンメトリーを採りいれたのもジバンシィだ。新種の合成素材シガレーヌは、服地企業のブカル社がジバンシィのために開発したものだが、その特徴は、しっかりした地の上に層状のフラウンスがついていることにあった。ジバンシィはこの布地をニッカーボッカーに仕立てることをとりわけ好んだ。チュニックは作り変えのテーマとして特によく採りあげられ、チュニック・コートドレスの一構成要素になったり、クールネックのノースリーブ服になったり、前身ごろの中心部は狭く、スカート部は幅広いフォルムになったりした。ミニスカートやロングスカート、さまざまな丈のパンツの上に着るチュニックもデザインされた。すそにホワイトミンクをあしらったものもあった。チュニックとともに、中世に端を発する衣装のタバードもアレンジされ、20世紀に一大ブームを起こした。ヴォーグはその仕立て方のこつを紹介した。

イギリス版ヴォーグのコメントは、「ジバンシィの栄光の金のスモック」。
(写真=エリック・ボーマン、1980年)
刺繍入りの漆黒のミンクで縁どりされたトップスに、ベルベットのパンツを合わせて。

　　ジバンシィはコレクションのために、一定の工夫を何度もこらした。古典主義であったことから、細部には特にこだわったのだ。刺繍や組みひもを使ったパスマントリー(組み紐飾り)ボタンが、定位置に並んだ様子はほとんど幻想的な芸術のようだった。小さな要素、たとえば帽子の細部がデザイン全体のスピリットを表現していることも多く、ストール、スカーフ、フィシュー(婦人用の三角形のスカーフまたはショール。肩にかけて胸のところで結ぶ)などが、シルエットにやわらかなイメージを加えることもあった。襟は、サイズ、形状ともに、かなりバラエティに富んでいた。時には、襟足から飛び出した布地の端っこかと思えるほど小さく見えるときもあれば、大きくて立派なものもあった。じょうご形のものもあれば、コートや上着から出して着るものや、クロテンやキツネの毛皮でくるまれた巨大なものもあった。襟同

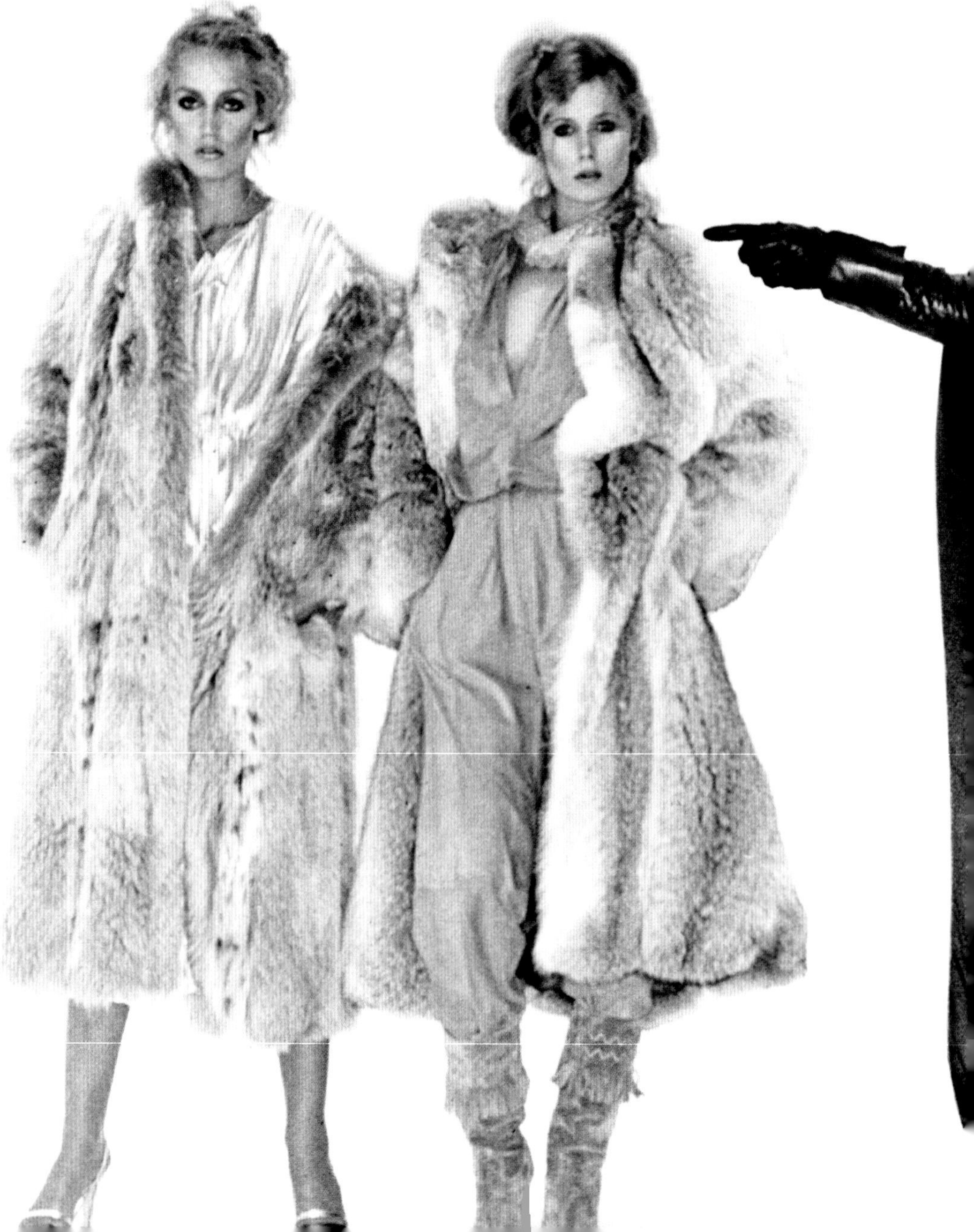

'熱く
スペクタキュラーな
ぜいたく'
ヴォーグ

スターウォーズの悪役、
ダース・ベーダーが、
アメリカ版ヴォーグの特集記事
「毛皮のフォース」に登場。
(写真＝イシムロ、1977年)
中央の人物の衣装についてヴォーグは
「ペールブルーのスエードの上にはおった、
たっぷりとしたふわふわなシルキーブロンド
のコートは、野生のコヨーテの毛皮を使った
官能的なジバンシィ」
と説明。
左のフォックス・ファーのコートは
マクシミリアン社製。

次ページ
1969年、アメリカ版ヴォーグは
「アニマル・プリントをワイルドに使う
ジバンシィ」
とレポート。
右は「タイガー・ウール」の
オーバーコート。
左は伸びるプリント入り
ギャバジン素材のパンツ。
(写真＝アーヴィング・ペン)

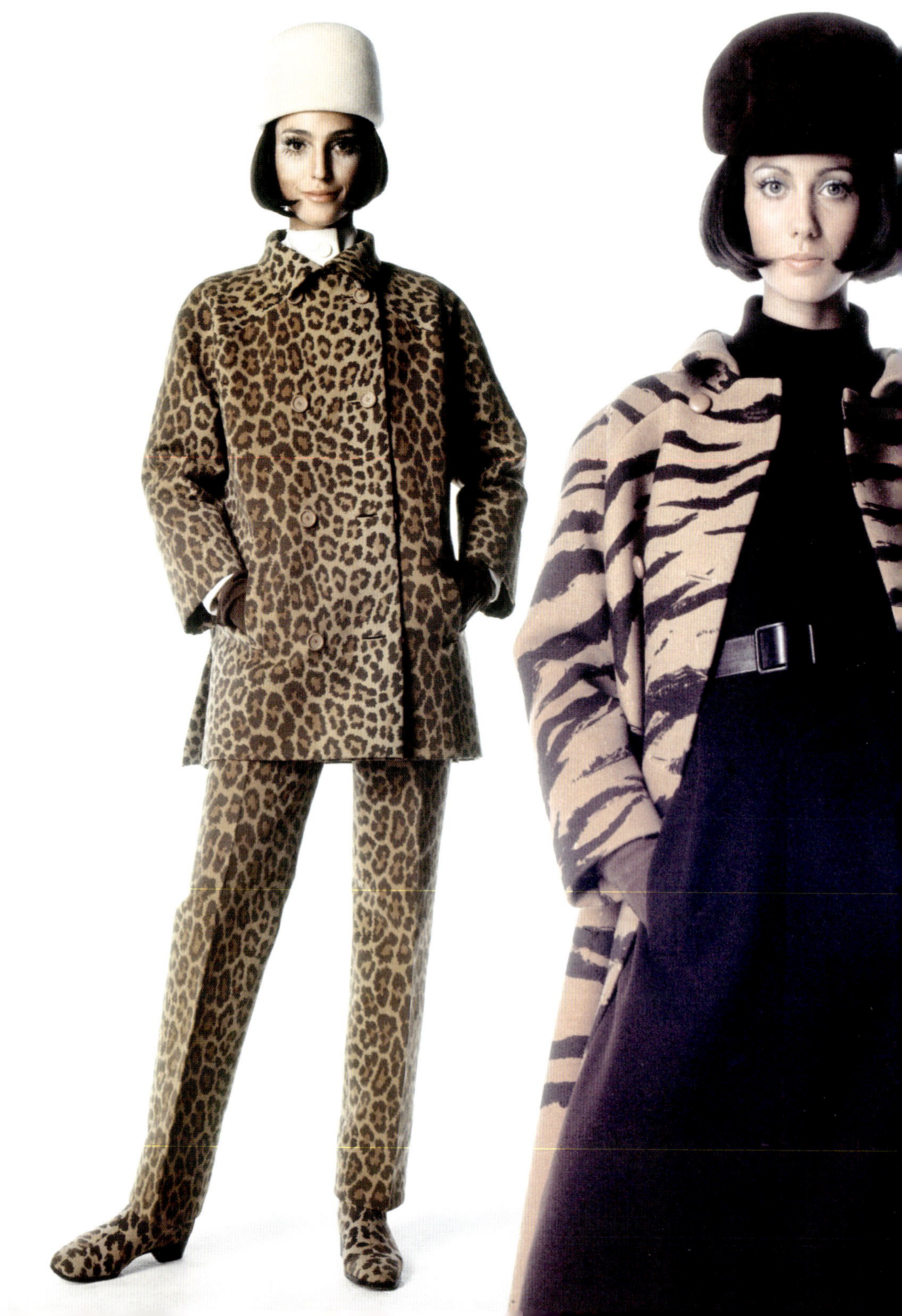

'ジバンシィが動物や毛皮を
好きなことはその作品
全体から感じとれる。
1953年にはすでに、フェイクの
ゴールデンオッター（カワウソ）、
パールミンク、プラチナミンク、
プラチナミンク、
ブラウンビーバー、
シルバーフォックスを
手作りしていたのだ…'

カトリーヌ・ジョワン＝ディエテルル

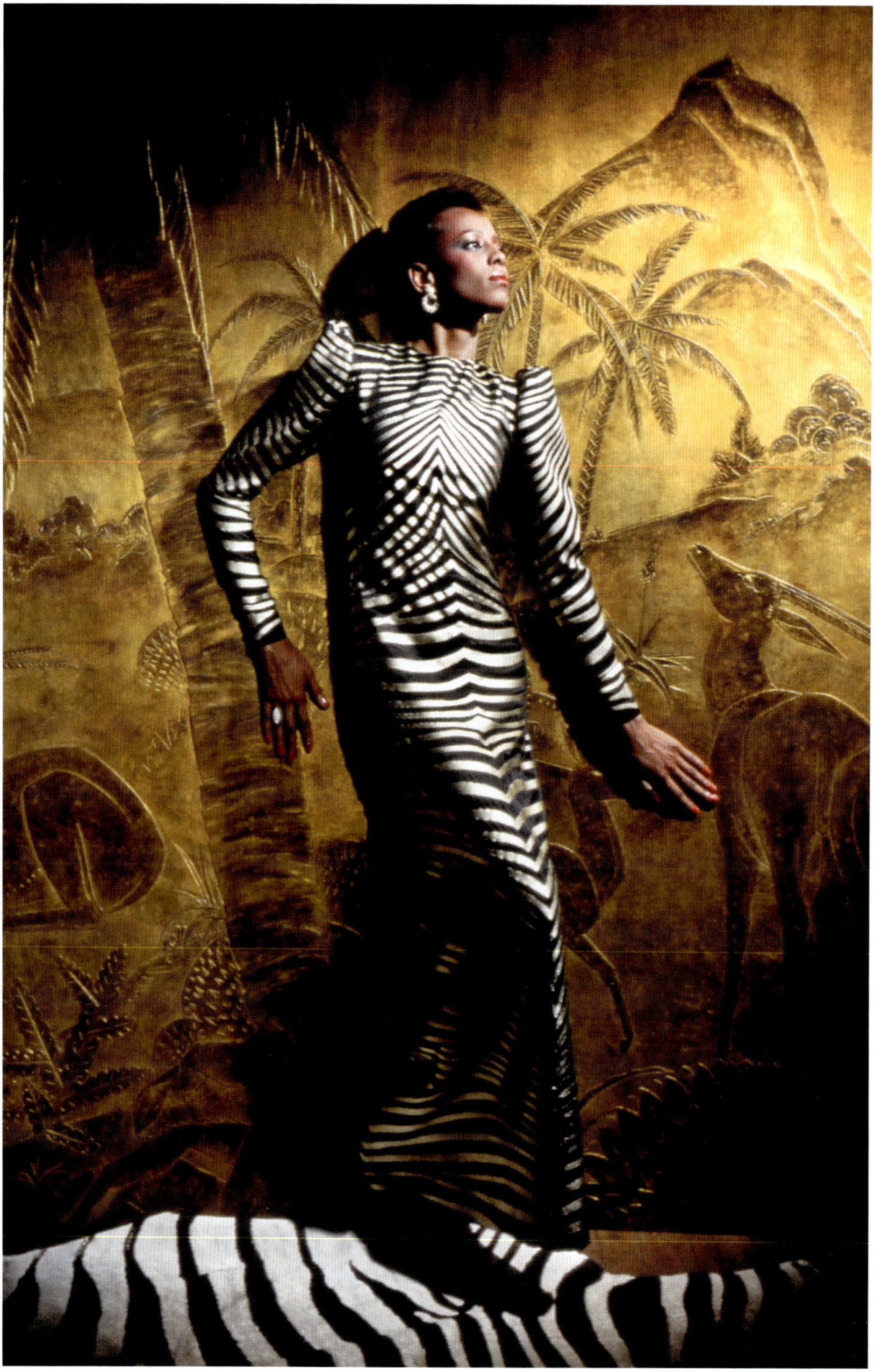

様、蝶結びのリボンも、コミカルに小さいものがあれば、驚くほど大きいものもあった。ポケット、ベルト、バックルも、本来の機能を抑制してでも装飾として使われることがあったようだ。

アシンメトリーな表現や、ジバンシィが特に好んでいた、斜めに裁断した布地や、バイアス（斜め）とストレートの裁断が組みあわせられた布地は、あらゆるタイプの服に使われた。裁断の形をきれいに保てるガザル（薄い絹織物）やシルク、ウールは、イブニングドレスやそのケープによく用いられた。ジバンシィお抱えの仕立屋は、いつでも注文に応じてくれたという。

ロング・イブニングドレスに仕立てられたシマウマ・プリントを着て、想像上のヤシの木と猟獣の風景を描いた壁画を背にポーズをとる。1980年、ジバンシィのコレクションが披露された、装飾家、アルベルト・ピントのアパートメントでジョージ・ハレルが撮影。

次ページ　ジバンシィによる、生い茂る葉の白黒柄のシルク・ドレス（左）。これを掲載したイギリス版ヴォーグは「復活したプリント」とコメント。たっぷりのギャザーがヒップを覆い、ふくらんだそでをカフがまとめている。
（写真＝ヘンリー・クラーク、1952年）
ジバンシィは30年間にわたり、優しげな花柄プリントの2ピースの服のデザイン（右）に取りくんだ。アメリカ版ヴォーグは、「ふわっとした巻きスカートに、サッシュが魅力的にウェストに巻かれている」と説明。
（写真＝アーサー・エルゴート、1982年）

カトリーヌ・ジョワン＝ディエテルルは次のように発言している。「ユベール・ド・ジバンシィほど、異なる素材を結びつける才能を終始発揮し続けたデザイナーはいない」。ジバンシィは、衣服の重要な部分であろうが付属的な部分であろうが、場所を問わずに素材を熱心にミックスした。両面を同等に使えるリバーシブル・コートは、よく採りあげられたテーマだ。代表例としては、表が黒一色のブロード地で裏が格子柄のブルー・クレープというものがあった。毛皮、皮革、スエード、ヘビ革も、布地と巧みに組みあわされた。ほかの素材の組みあわせには、フランネルとベルベット、モアレとウール、毛皮とスエード、タンレザーと黒のリブ編みのジャージーニットがあった。カクテルドレス用に、シルクとベロアとモスリンが合わされたこともあった。タペストリーを毛皮で縁どったり、ペルシャ製の子羊の毛を皮と組みあわせたり、染色したマーモットの毛でコブラ・スキンのコートを縁どったという記録もある。

ジバンシィの布地には、柄への愛情もあふれている。ジバンシィがそのアイデアの源としたのは、ルネサンス、中国、アフリカ、エジプト、そして、故郷の芸術だ。フランスの伝統柄トワル・ド・ジュイのデザインが、ディナードレスになったことがあれば、クリスチャン・ベルナールがスケッチした智天使の顔とトロンプ・ルイユ（だまし絵）の蝶結びリボン柄を基にしたプリント地の服もあった。近代の芸術家たちも、インスピレーションの源となった。実際ジバンシィは、ジョアン・ミロ、マーク・ロスコ、ジョルジュ・ブラックの作品からアイデアを得たクチュリエの先駆けだったのだ。アンリ・マティスの絵画「農婦のブラウス（Peasant Blouse）」や、ラウル・デュフィが描いたヤシの木がモチーフのベースになったりもした。ジバンシィの布地には、ヒョウ、シマウマ、キリンなどのアニマル・プリントも多数見受けられた。

VOGUE ON　ユベール・ド・ジバンシィ

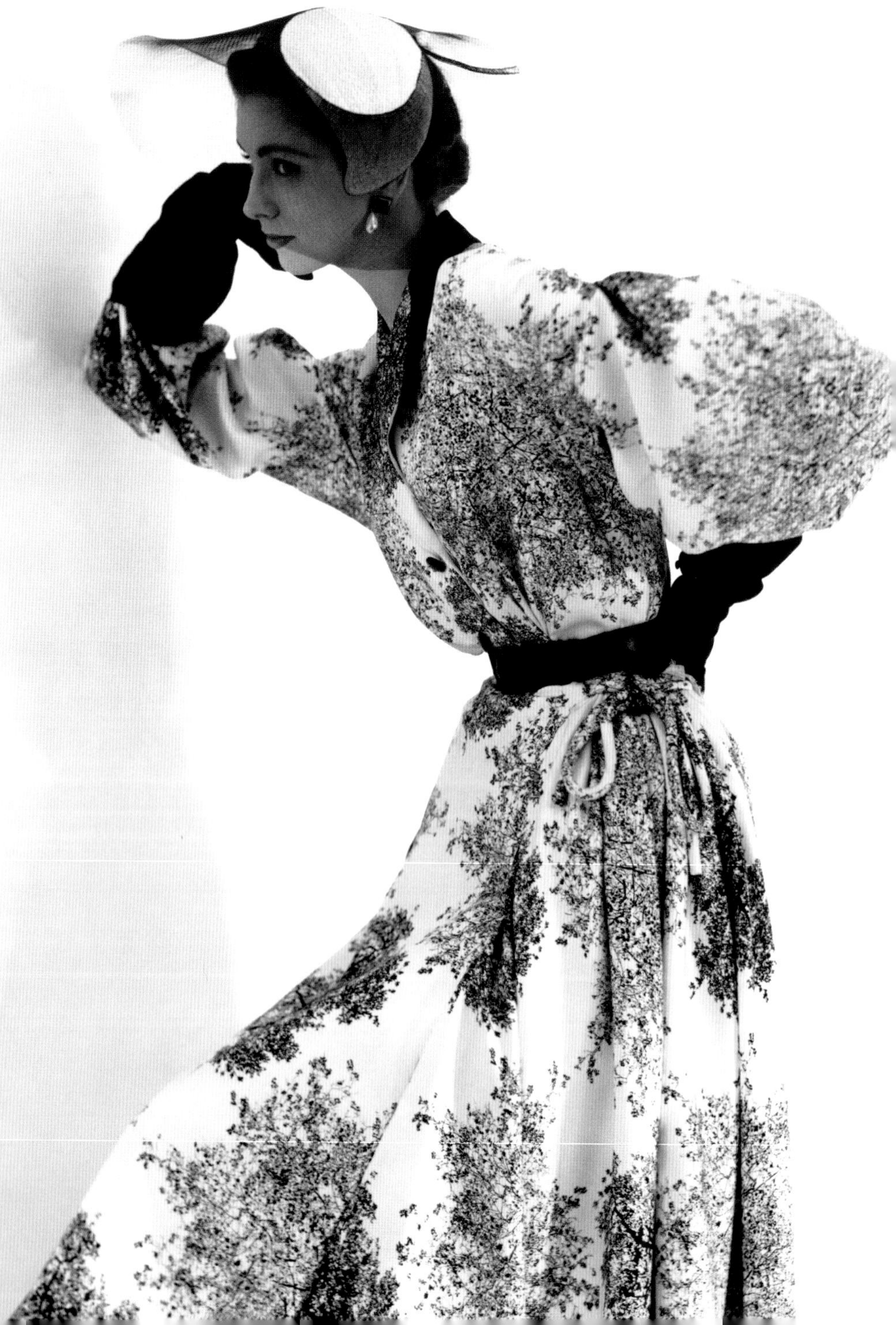

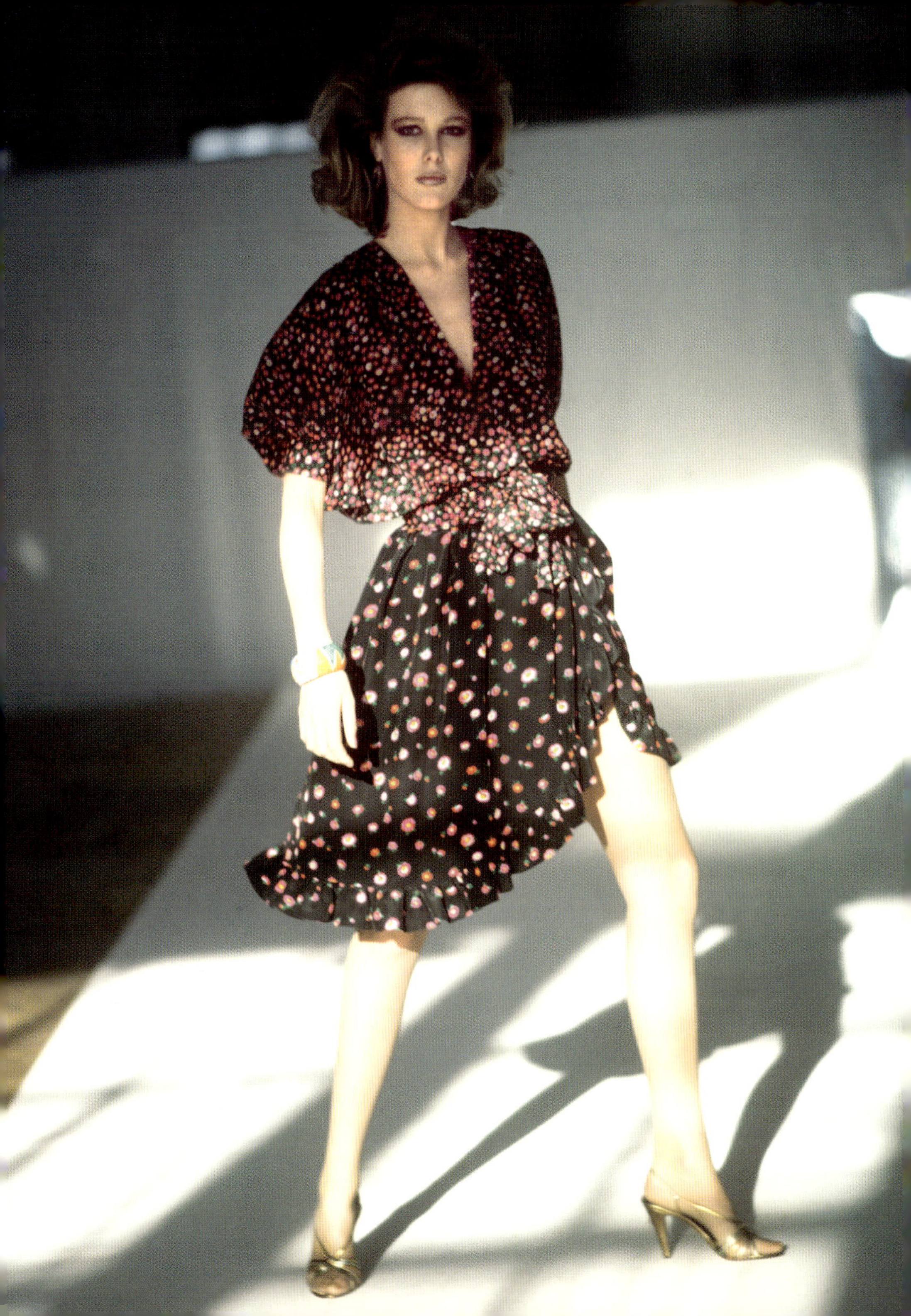

'ジバンシィは、画家や彫刻家の目で布地を観察し、モチーフ、色の濃淡、テクスチャー、クオリティ、たれさがる布地の流れ方を賛美している'

カトリーヌ・ジョワン＝ディエテルル

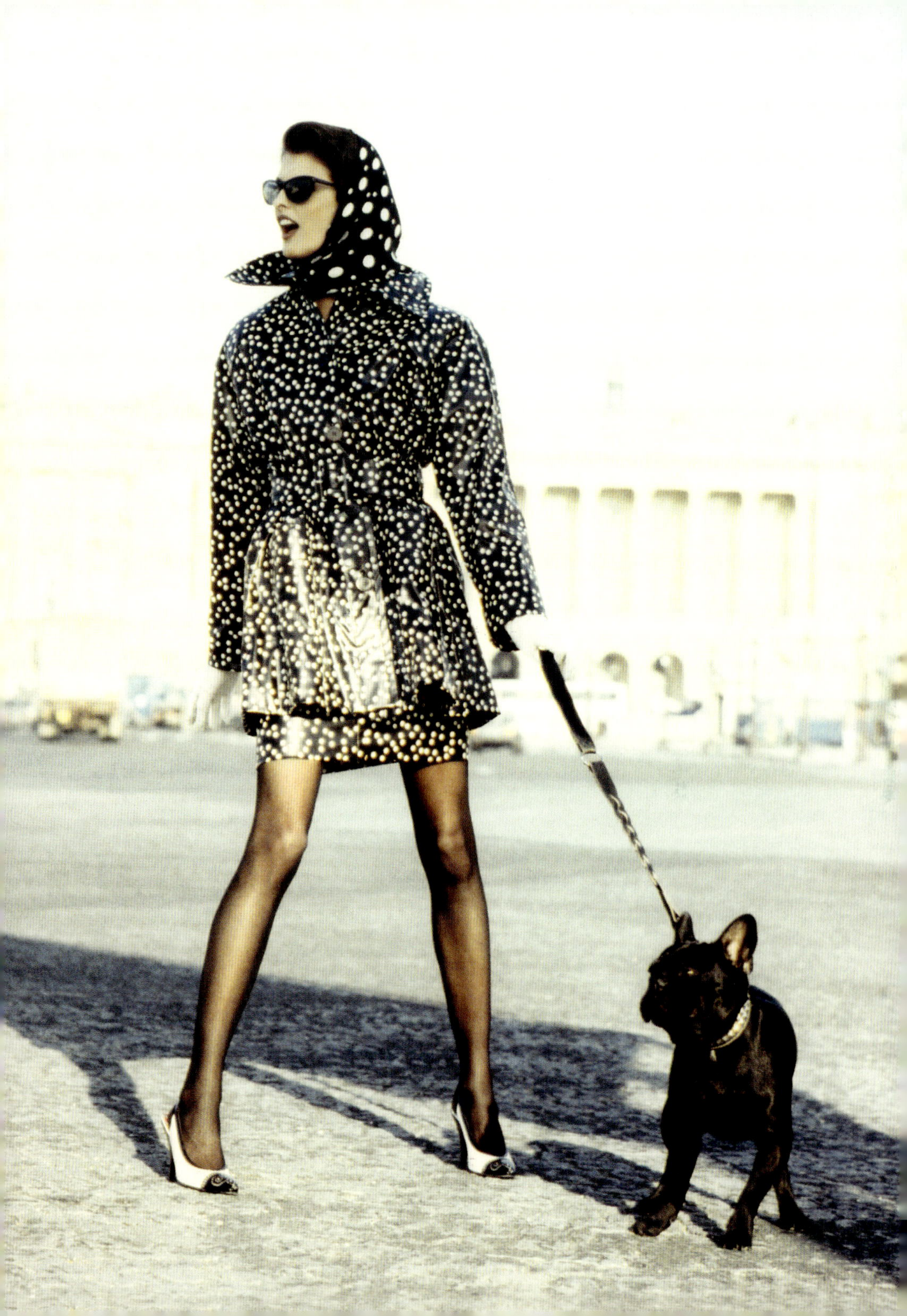

ジバンシィは野菜や果物をデザインに採りいれたことでも有名だ。ジョワン＝ディエテルルは、こう述べている。パイナップルは18世紀から布地のデザインに使われてきたものの、「ブラックベリー、野いちご、ビガルーン（片面が赤く、もう片面が白い大粒のチェリー）、ゴールドやグリーンのブドウ、オレンジ、レモン（丸みのある皮が昔の静物画を想わせる）を布地のプリントに採用したのは、ユベール・ド・ジバンシィが初めてだ」。このジャンルで特に印象的なのは、大きなトマトの輪切りを繰り返し並べた柄のサマー・ドレスだ。野菜や果物に対するジバンシィの興味が発展し、花もモチーフとして採用されるようになったが、特に好んだのは田舎で自ら栽培していたポピー、ヤグルマソウ、ヒナギク、ライラック、アネモネ、チューリップなどの花で、なかでもスズランは大のお気に入りだった。1980年代になるとジバンシィは、葉や花、花びらの立体的なフォルムがちりばめられたプリント地のドレスをデザインするようになる。ヴォーグの記事の一節を読むと、「（それらのプリント柄は）モデルが一歩進むごとに、ふわふわと浮いているように見えた」とあった。刺繍も、自身の名の同義語となるほどジバンシィが多用した装飾で、専門の工房に依頼して作らせていた。1990年には、カボション、金、カットしたプラスチックや羽を組みあわせたものが披露されている。

　パネル、ケープ、折り目、プリーツは、服の構造やシルエット作りに不可欠な要素だった。ケープ・コートは、前面はコートに見え、背面はケープに見えるようカットされていた。プリーツは、ジバンシィの服の多くに着やすさと自由を与え、デコルテ、ボディス、そで、すそのフラウンスの構造の一部としても使われた。ルックの決定的な要素として、ドレープの後にはプリーツの時代がやってきた。

　結局のところ、ジバンシィにお決まりのイメージをつけることは、賢明とはいえなさそうだ。ジバンシィは未知のものに挑戦することも好きで、ベルベットの花があちこちにつけられた格子柄のシェニール織りのロンパース（トップスとボトムがつながっているつなぎタイプのベビー服）といった突飛な作品も作っていたのだから。「ムーン・ベーシング（月で水泳）」という名のへそだしトップスとパンツを組みあわせたり、「新しい透明性」と呼ばれてもてはやされた生地を使ってロング・パンツをデザインするという奇抜な試みも見られた。1971年のジバンシィ・コレクションの解説は、「すべてがリュクスで、スポーティで、シック」だった。

大きく開いた背中の下部にボタンがつけられた、トマト柄プリントのノースリーブ・ドレス。モチーフに対するジバンシィの挑戦の結果登場した。布製の小さな帽子にも、トマトの赤が使われている。（イラスト＝エリック、1953年）

前ページ
シレ（ろう）加工の白黒の水玉スーツ。1987年、ピーター・リンドバーグがイギリス版ヴォーグ向けに撮影。ペンシル・スカートにショート・レインコートをはおって、ベルトで締め、スカート丈は正確に測り、ぎりぎりまで短く。頭に巻いたスカーフも水玉模様で統一されている。

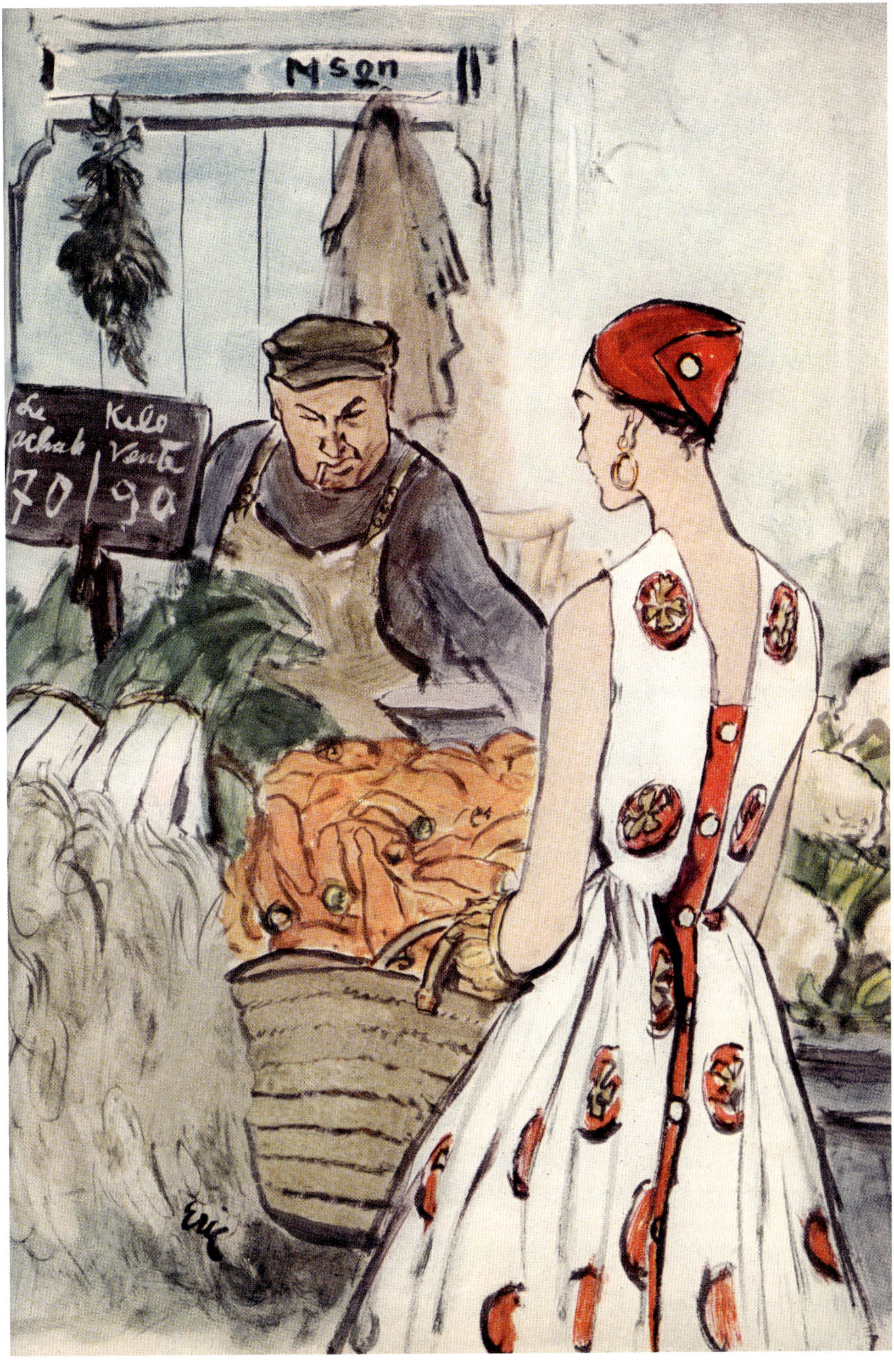
Kilo
Vente
70
90

伝統主義者であると同時に革新者でもあるジバンシィの二面性は、早いうちから受賞歴のある作家、セリア・ベルタンが見抜いていた。ベルタンの回想録『Paris à la Mode』にこういう記述がある。「ジバンシィはその豊かな想像力ゆえに、独自のスタイルを守り続けられるのだ」。

　最も劇的にゴージャスで装飾的なジバンシィが見たかったら、1980年代に戻り、それ以降のコレクションに注目するとよいだろう。この時代のムードを決めたのは、1981年にモデルを務めたファッションモデルのキャプシーヌだ。その時の彼女は、黒いベルベットの縁どりがされた金のインセットが仕込まれた、黒と金のプリント入りサテン地のイブニング・ローブを着ていた。批評家によると、初期のジバンシィは純粋にクリエイティブで、創意工夫に富んでいたという。後期は、時代が派手な華やかさを求めるようになったこともあり、高級ドレスに力を入れるようになった。しかしいずれにせよ伝統主義は、最後までジバンシィのコレクションの特徴であり続けた。

　3ヵ国版のヴォーグがジバンシィをどのようにとらえていたかは、各々の関係性や出版上の関心に応じて、ある程度の違いがあった。イギリス版は、そのオートクチュールの賢明さとラインの適切さを称賛。フランス版は、自国ブランドのひとつとして全面的に支持し、編集上ではフォーマルなイブニングドレスや水着、ジバンシィの名を冠した多数の広告を特に厚遇した。アメリカ版は、ジバンシィが持つ20世紀のモダニティに特に期待をよせていた。ジバンシィのミューズとしてのオードリー・ヘップバーンに対しては、国籍を問わず、すべてのヴォーグがラブコールを贈ったことはいうまでもない。

'美の象徴であるジバンシィは
女性が永遠に着たいと心から願う服を作っておきながら
それを過小評価している'

ヴォーグ

ヴォーグの編集史上、オードリーの時代と呼ばれていたころ、ファッション界ではウェストラインとすそ丈に大きな変動が起きていた。変容するシルエットに対し、ジバンシィのアプローチも徐々に変化したが、ヴォーグがその様子をどう報道したかを追うと興味深い。ファッション界のリーダーたちのなかでもジバンシィの動向は星座のように注目を集めていた。ここに紹介するいくつかの例を見れば、ヴォーグの記事に漂っていたムードが分かるだろう。

　1954年4月のジバンシィのスーツに関するニュースには、「ジャケットはゆったりしているが、ウェストはくびれている。その締め具はタイ・ベルトだけ」というものや、「ジバンシィの赤いジャージー素材のジャンパースーツは、裁断ではなく布地だけで成形されている」というものがあった。ウェストラインは隠されるようになり、1955年9月には、「ジバンシィのブラックサテン地のイブニング・コートは、東洋を最大限にドラマティックに表現。前面のリボンを起点に特大のケープ風の襟が首を取り巻いている」という記載もあった。その襟は、ゆるやかなデザインのウェストラインをさらに覆い隠し、コートのすそは、ふくらはぎの下の方まであった。1957年4月、ヴォーグは次のように伝えた。「ジバンシィは、ボタンや蝶結びのリボン、チューブ形ドレスのショートスカートにつけたひだ飾りなどを使った装飾の楽しみに夢中なことで有名」。その服のショートスカートのすそは、モデルの膝下に浮かんでいた。1958年9月のヴォーグは、「ゆるやかな形のシュミーズのほのかな女性らしさ」をほめ、その「高めのウエストライン」を絶賛すると同時に、バレンシアガやジバンシィの普段着用スカートの丈が、膝の位置にとどまり続けていることを指摘している。

　1966年になると、すその位置は急速に上昇する。ジバンシィの最も短いコートのすそも、その年の4月には膝から約5cm上に来ていた。当時のニュースは、「本当に動きやすい。ベルトを締めることはたびたびあっても、きつさは感じない」というものだった。それから1年後、ヴォーグ・パリは「ジバンシィが、ショートドレスやショート・スーツ&パンツなど、英国人が着るテニスウェアに似た"ル・ショート(le short)"を採用」したと発表した。しかしウェストのサイズは、1969年9月までには元に戻り、すそについては、イギリス版ヴォーグにこんな見出しが登場するようになった。「(ミニも、ミディも、マキシも)あなたに似合うのなら、どれでも選べる」。ウンガロのコートが超ミニかと思えば、イヴ・サン=ローランのジャージー・スーツは膝丈。ジバンシィは、ベルトつきのシングル・マキシコートが話題を呼んでいた。1970年3月、アメリカ版ヴォーグは、ジバンシィのミディ丈のドレスのデザインからは、今年のすその位置はお気に召すままに、というパリ発のメッセージが伝わってくる、と主張した。

次ページ
ボディスに曲線の縫い目が入ったツイードのシフトドレス(左)。やや高めの位置で細ベルトを少しだけ見せてウェストラインを強調。1963年、カレン・ラドカイがイギリス版ヴォーグのために撮影。キャンディ・ピンクにキャンディ・ストライプ。シフトドレスの周囲で、大きなフラウンスだけが曲線を描いて揺れている(右)。ウェストラインを下げ、すそを上げたドレス。1967年、デヴィッド・ベイリーがイギリス版ヴォーグのために撮影。

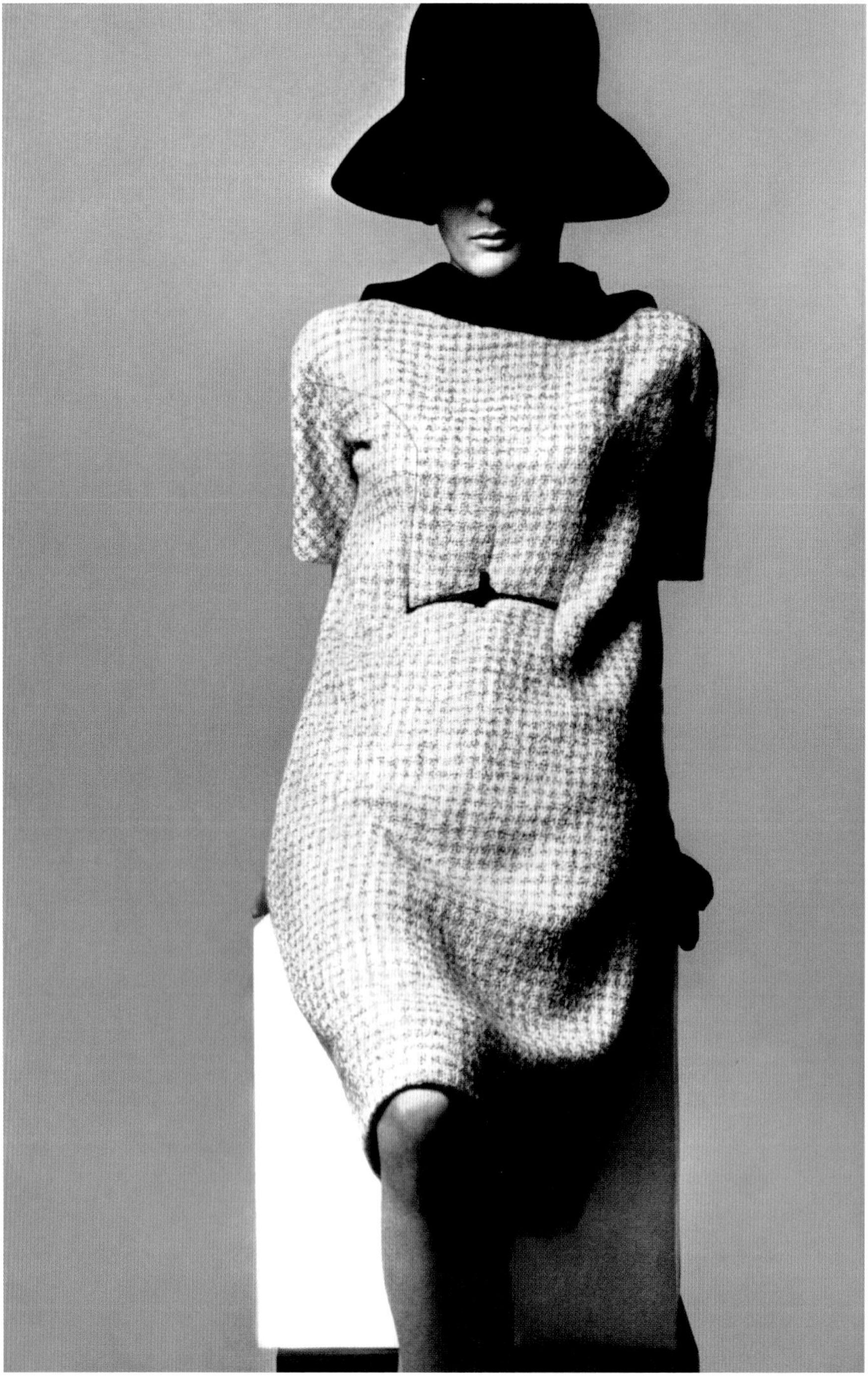

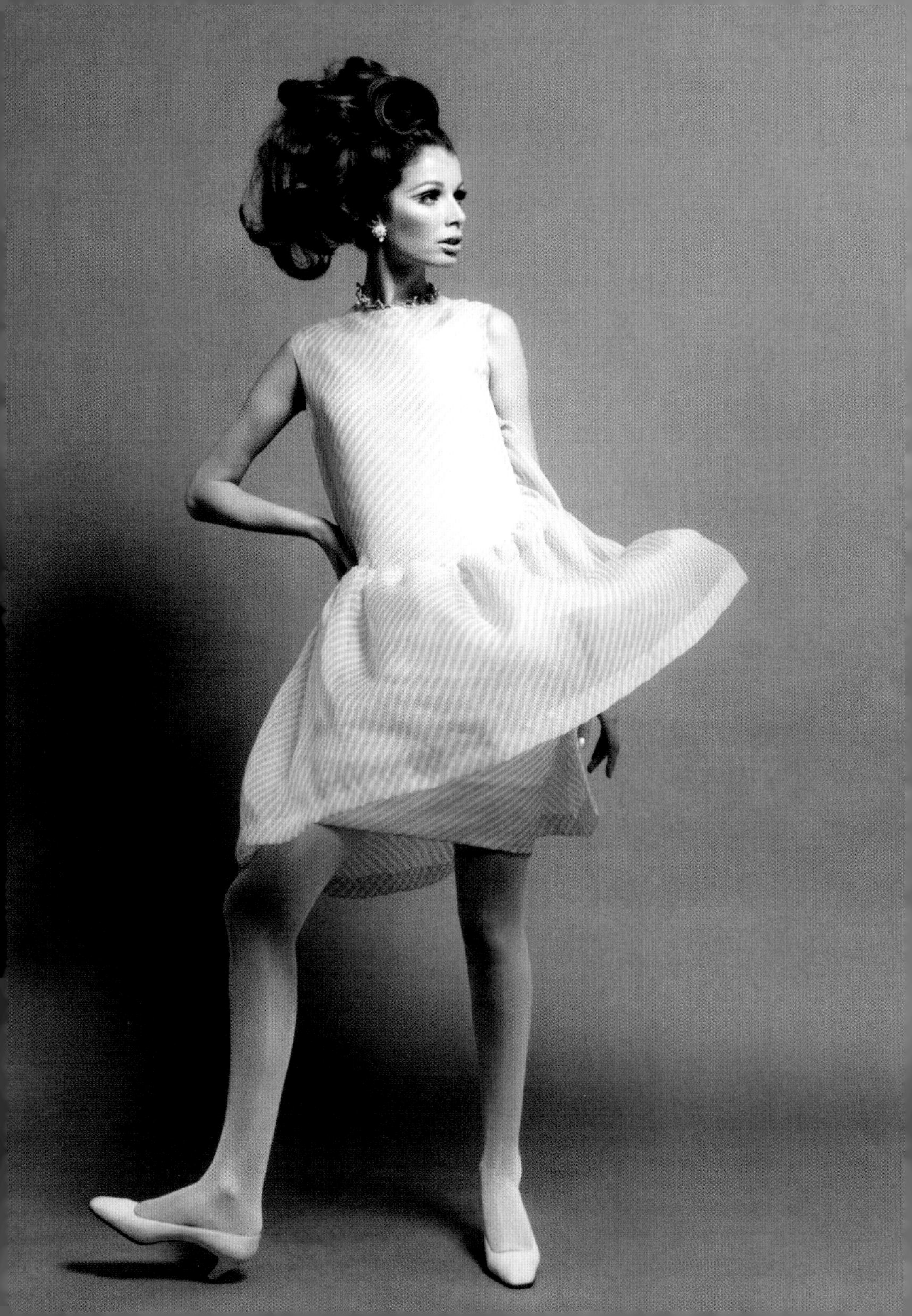

シーズンごとの商品トレンドがどうであれ、ジバンシィ・ブランドの一定の特徴はデザイナーのDNAから生じていた。たとえば、服と素材のハーモニーがそうだ。それはオートクチュール自体の属性ではないかという意見も出そうだが、ジバンシィの場合、こうした要素の統合は、製作過程の優先づけが特殊なことから影響を受けていたようだ。一般的には新しい服のスケッチが行われてから布地が選ばれるが、ジバンシィのプロセスは逆だった。ジバンシィは「最初のインスピレーションをくれるのは布地だ。デザイン作業はそれに基づき、その布地を最高の形に仕上げるにはどうすればよいかを考えながら行う」と述べ、こう言い添えている。「シルクの香りは独特だからね」。

　ジバンシィの服作りにおいて、布地の可能性を発揮させることは基本だった。あるインタビューに対するこういう回答もある。「布地が、自分のアイデアとは違う反応を見せたなら、その布地は使うべきではない」。このデザイナーは、フランス、イタリア、スイスの布地専門店には必ず自ら足を運び、業者と一緒にテクスチャーや柄を検討することも多かった。そして、たいてい依頼したのが、シンプルにすることだったという。ジバンシィのこうしたこだわりは芸術家の注目も浴びたようだ。コロンビアの造形美術家、フェルナンド・ボテロの絵画がヴォーグ・パリに掲載されたことがある。その作品では、ボテロ特有のふっくらした女性が、ルーベンス風の肩を露出したインファンタ・ドレスを着ていた。その布地は、ジバンシィの当時のコレクションを模して描かれていた。

生き生きとした色彩とグラフィカルなモチーフに、タイトさとゆるやかな流れを融合した、ジバンシィによるショッキングピンクとイエローのアンサンブル。クレープデシン地のジャンプスーツの上に、カットベルベットのノースリーブ・コートを着て、ドラマティックかつグラマラスに。（写真＝アーヴィング・ペン、1967年）

　仕立てにおける官能性も、ジバンシィにとっては重要だった。判断材料にエロティシズムがあることは、ジバンシィのスタイルに特徴として表れている。この点については、インターナショナル・ヘラルド・トリビューン紙のファッション・エディター、ヘーベ・ドルセイが別の言い方で表現していた。「ジバンシィは、どこのだれであろうと、レディに仕立てあげてしまう」。ジバンシィは、非常に退廃的なデコルテと、粋なビーチウェアを仕立てることでも有名だったが、それは挑発的だったり、いかがわしかったりすることはなかった。また、舞踏会や祝賀会用のドレスでは、グラマラスさと、品のよさをうまく調和させていた。昨今の公の舞台における状況を考えてみれば、それがいかに難しい技であるかは明らかだろう。しかし、とびきり派手にするよう求められたとしても、ジバンシィのデザインがケバケバしくなることは決してなかった。1967年のオートクチュール・コレクションにその好例がある。イエロー・シルクの華やかなジャンプスーツに、ショッキングピンク地に黄色い中国風の木の模様をプリントしたカットベルベットのノースリーブ・ロングコートを合わせたスタイルだ。コートの片側は、ヒップからすそまでが開いていた。

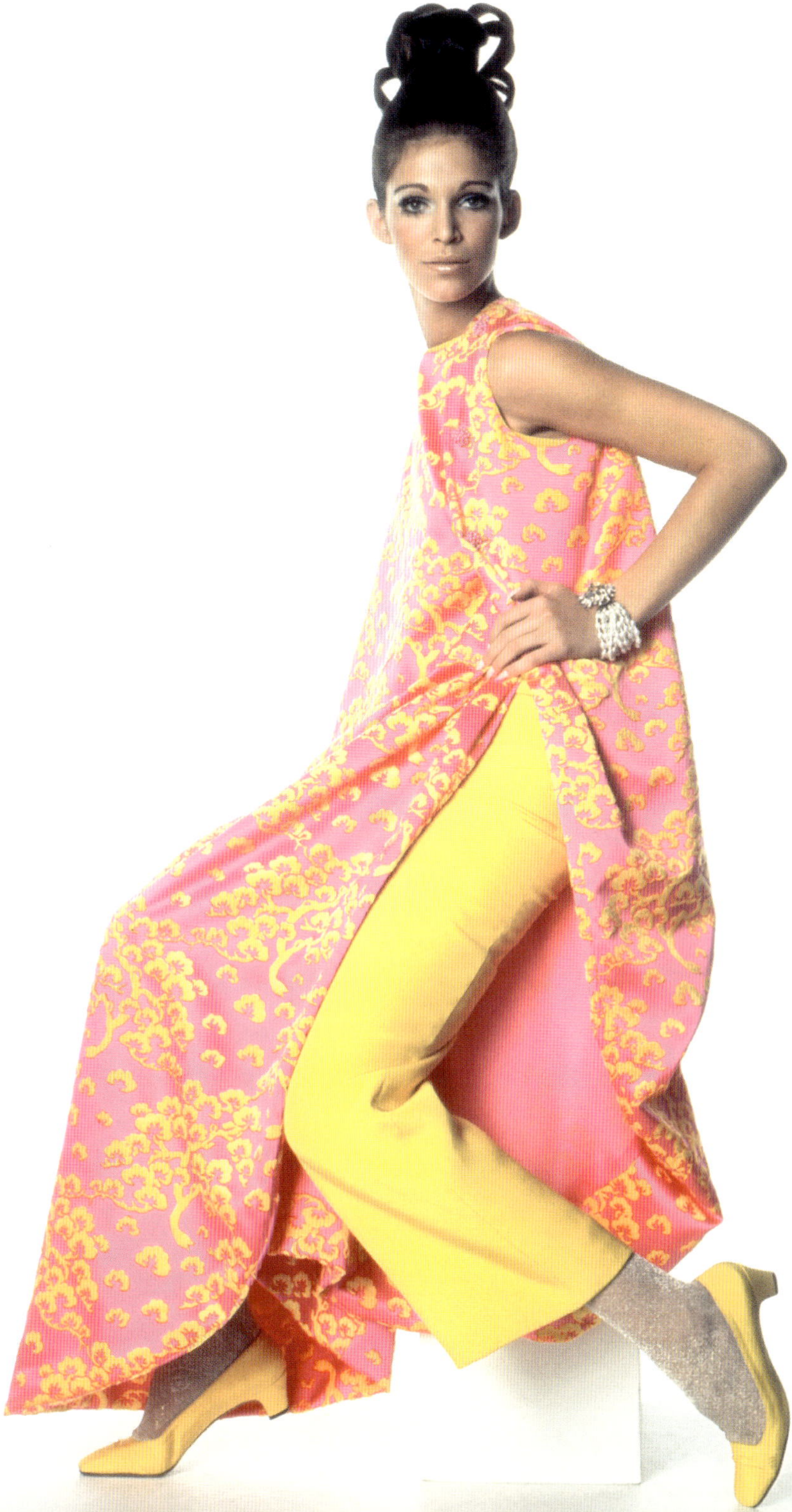

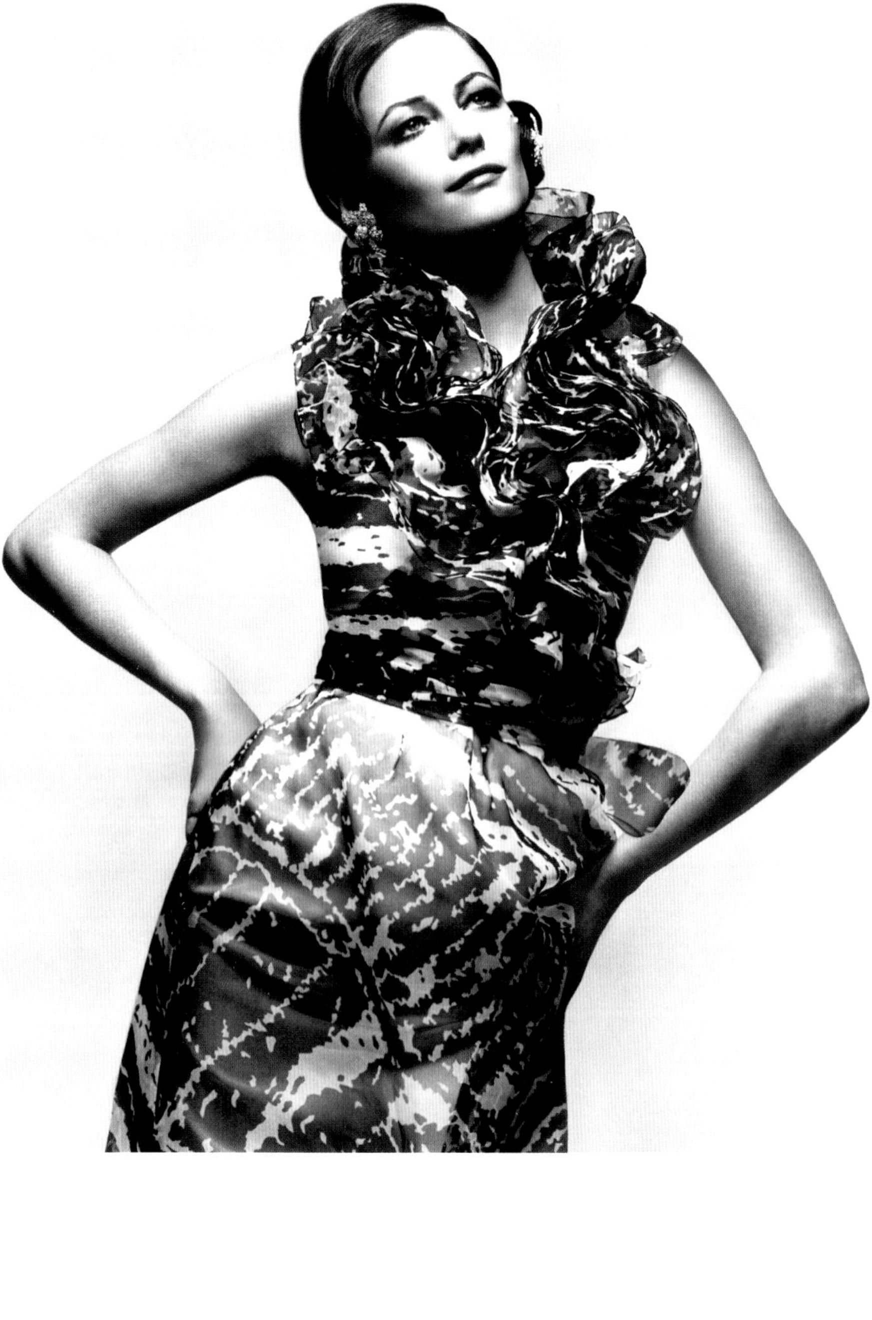

同様の官能性は、リトルブラック・ディナードレスやカクテルドレスでも採りいれられた。ジバンシィは、肩を片方だけ出したり、背中や首元を大きく開けて、そこに工夫や驚きを盛りこむ術を心得ていたのだ。こうしたむきだしのデザインは、布地の配置で形が決まる裁断部の一部だったり、細い布製のひもや帯で形を変えられたり、ホルタートップ（ひも、または身ごろから続く布で首につるしたネックラインを特徴とする服の総称）風になったり、あるいは、蝶結びのリボンがつけられたり、ウェストまで深く切り込んだV字形になったりとさまざまだった。三日月形は、オードリー・ヘップバーンが『ティファニーで朝食を』で着たあの有名なブラックドレスのように、むき出しの背中を魅力的に飾った。ヴォーグ・パリが、膝上丈の刺繍入りブラック・カクテルドレス数種類をモデルに着せて紹介したことがあった。ジバンシィがフェミニンなエレガンスとは何かを確信するきっかけとなった特集記事だ。「その細部の全てと美しい洗練性から考えると、1978-79年冬の装いをしたこの女性たちはおそろしく洗練されているように思う。（中略）黒のストッキングやボア、スリット入りスカートといったイメージは、ある種の女性の風刺だとも言えるが、気品のあるルックは、比率のバランスや、素材の品質、節度あるラインによって成立するのではないだろうか」。ホルストが撮影したこれらのドレスは、モダンであると同時に、時代を超越しており、まさに夜に着るための衣装だった。この号で「le petit diner et le petit soir（ちょっとした晩餐会や夕べ）」のためのデザインにまつわるイマジネーションを一新したジバンシィは、その能力への注目を集めた。

イギリス版ヴォーグの見出しは「パリの夜のスター」。なかでも特に輝いていたのが、波うつ大きな襟ぐりに、ふわっと浮いたサッシュ、白のオーガンザにブロンドブラウン・プリントのこの衣装だった。
（写真＝デヴィッド・ベイリー、1972年）

'ファンとの約束を果たすときに
ジバンシィがとる行動は
控えめでありながらゴージャスだ。
肩を出したり、襟ぐりを波うたせたり、
手首にフリルを巻いたり、黒一色にしたり、色をつけたり、
見事なフーラードのプリント地を少し使ったり……。
そして、仕上げに、だれもがずっと
幸せな気分になれるようなスパイスを
ほんの少しふりかけるのだ'

ヴォーグ

'ミスター・バレンシアガという
　尊敬できる人物が存在したこと。
　それがわたしの宝だ'
ユベール・ド・ジバンシィ

ジバンシィが受けた
さまざまな影響

ジバンシィの運命にとって、他からの影響は非常に重要だった。特に、友情、女性、映画、演劇、芸術、インテリア装飾などは、そのキャリアにダイレクトな影響を及ぼした。ジバンシィの制作活動全般に影響を与えたのは、間違いなくクリストバル・バレンシアガだ。筆者は、永遠の遺産を得られるとしたらなにがよいか、とジバンシィにたずねたことがある。すると、「この仕事をするにあたりかなえたいことがあり、それを実現できるということがわたしにとっての幸せだ。それこそがほかになにも要らなくなるようなすばらしい遺産なのだ」と答えた。その遺産とは、バレンシアガに敬意を表することであった。バレンシアガの作品はその後も、ジバンシィの道しるべとなり続けた。

　このスペイン人クチュリエの弟子であったという視点抜きでジバンシィを理解することは不可能だ。1955年の彼の発言「わたしのコレクションはどれも、日常の瞬間のエッセンスをスタイルにしている」は、師から受けた教えに違いない。「オートクチュールのことは全く分からない」と語っていたジバンシィだが、それも、サロンをオープンしてから1年後の1953年にバレンシアガに会うまでのことだった。『Jacqueline Kennedy: The White House Years』の著者であり、アメリカ版ヴォーグの総合監修者でもあるファッション歴史家のハミッシュ・バウエルズは、「ジバンシィはそのラインに、師の厳格なスペインの美学を、自身が持つフランスの陽気なテイストとブレンドしている」と述べている。年老いたスペイン人が、フランス人青年の行く末に影を投げかけたと嘆く批評家もいたが、ジバンシィ自身はそんな意見は全く意に介さなかったようだ。バレンシアガに傾倒したコレクションに自らの道を見いだした駆けだしのデザイナーが、師に対し無礼な考えを抱くはずもなかったが。

　バレンシアガに会うというかねてからの夢をジバンシィが果たしたのは1953年。ニューヨークでのことだった。コンデナスト社の社長、イヴァ・S・V・パセヴィッチの自邸において、社交界の世話役であるパトリシア・ロペスウィルショの紹介でふたりは出会った。自身のデザインに対し、なにから影響を受けたかという質問に対するジバンシィの答えを要約すると、決まって浮かびあがってくるのが「ミスター・バレンシアガ」だ。バレンシアガは天啓をくれたのだ、とジバンシィは語る。「バレンシアガはお手軽な解決法で終わらせることは決してしない。彼のアンサンブルのひとつに、背中の中央に縫い目が1本だけ通っているものがある。その線は非常に純粋かつクリアで、完璧なシンプルさとはなにかをわたしに教えてくれたのだ」。重要なのは、バレンシアガが若きジバンシィを、スタイルとは基本的に徐々に進歩するプロ

ジバンシィによるグレイウールのまゆ形シュミーズ・ドレス。まゆ形を着やすいスタイルにアレンジしている。前面は細いスカート部まですとんと落ち、背面はヒップの下にかけてゆるやかにふくらんでいる。

次ページ　アメリカ版ヴォーグの見開きの誌面に並んだジバンシィとバレンシアガの服。こうした記事はしばしば登場した。写真＝ヘンリー・クラーク、1957年。撮影のテーマはケープだった。左は、ジバンシィの「ドレス自体から飛びだしてきたような美しい細糸」。右は、バレンシアガの「漂う白のオーガンジー」。

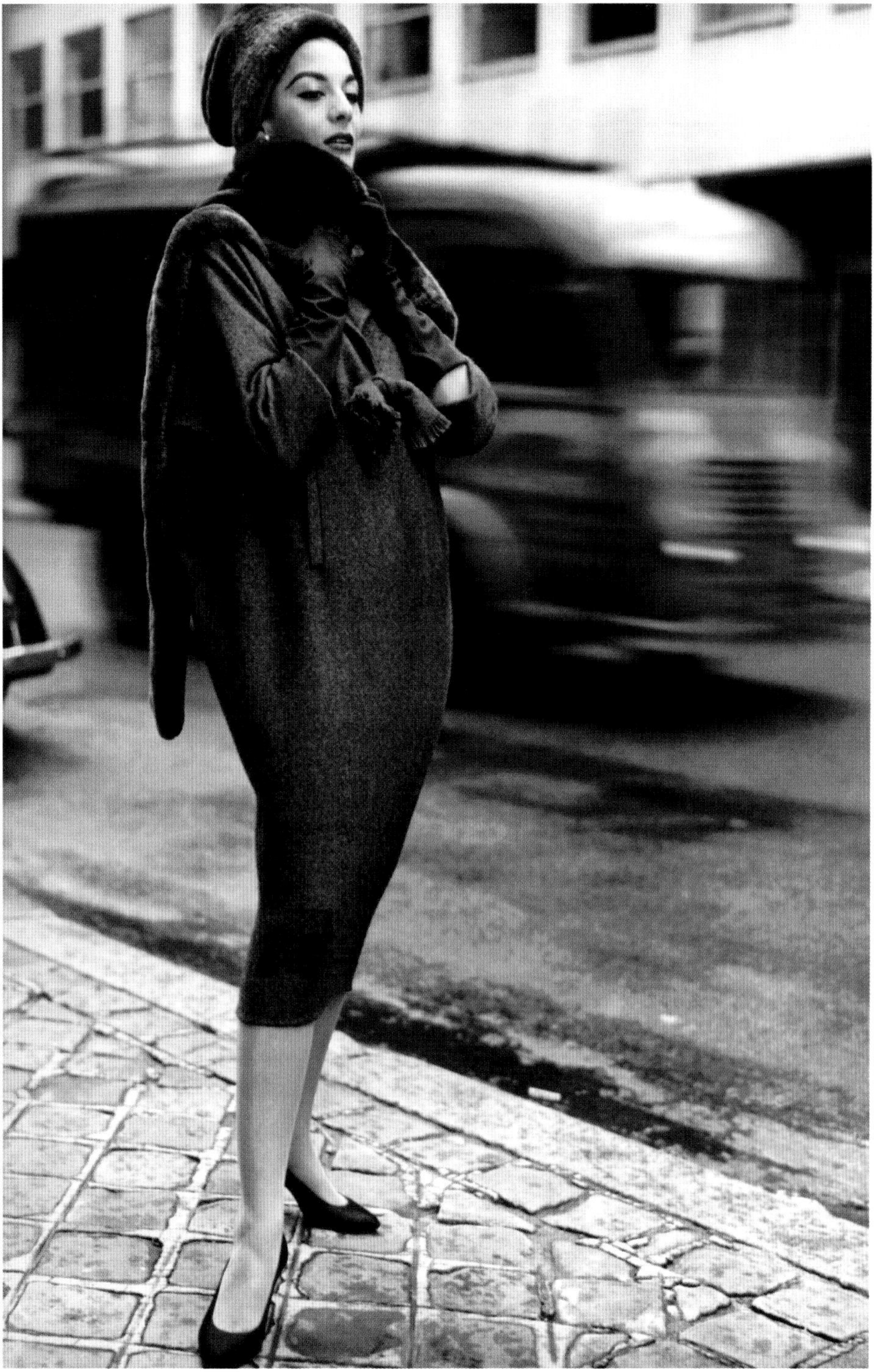

Givenchy

Paris evening news:
latter-day capes

...ft: From Givenchy, what the cape has become—
...eautiful filament that grows out of
...dress itself. Aside from this, the look
...culptured (something that happened often
...he Collections, with chiffon).
...olive-green silk, and worn with a green
...sgrain hat, black grosgrain shoes from Mancini.
...ss, in America at Bergdorf Goodman;
...man-Marcus; I. Magnin.
...o at Eaton's of Canada.
...ht: Balenciaga evening costume—
...oftness of black silk crêpe with a
...ting white organdie cape.
...beauty: simply a superb figure wearing
...at might be a drawing of clothes—
...stance half indicated,
...d not a single irrelevant line.

Balenciaga

セスなのだという信条で染めたことだった。クリスチャン・ディオールが1947年に発表した「コロール」コレクションが女性たちのワードローブを急激に変えてしまったことについてのインタビューに、ジバンシィはこう答えている。「ニュールックは、瞬間的に大きな変化をもたらしたが、ワンシーズンきりのこと。短い革命だ。それでも、ファッション・イメージにとっては重要だったといえる」。

　サロンがジョルジュサンク通りをはさんで向かい側にあったことから、ジバンシィとバレンシアガはアイデアを交換し、思想を共有した。発表前のデザインを互いに見せあうことすらあったという。競争の激しい世界でしのぎを削るトップ・クチュリエどうしがこれほど親しく協力しあうことは、異例としかいいようがなかった。オートクチュールの世界という特異性と、同様の領域にいるふたりの偉大な作家であることを考えると、この協力関係は、キュビスト時代のピカソとブラックの交流と比較できる。パリとニューヨークでヴォーグに所属していたマリー=ジョゼ・レピカールはこのクリエイティブな協力関係を次のように見ていた。「バレンシアガは指導することが好きだった。生まれながらの教師だったのだ。といっても、生徒の聞き分けがよい必要はあったが。厳格な性格と高いプライド、シンプルなテイストと完璧さへの情熱を抱く北部出身のスペイン人と、地方の旧家でかなり若くして未亡人となった優しく気品のある母に育てられたプロテスタントのフランス人との出会い。それが運命づけられていたということは想像に難くない。ふたりはお互いを見つけてしまった。子どものいない男と、幼少期に父を亡くした若者は、父子になったのだ……」。

　ふたりのクチュリエの絆は、両者のシーズンごとのコレクションに関する批評がヴォーグに仲よく並んで掲載されたことから明らかになった。こうした記事は、見出しが「B&G」だけのこともあった。1956年、ついにふたりは、同業者たちが取り決めていたスケジュールよりも遅れてシーズン・コレクションを発表することを決断する。

ふちに竹に似た節目がついた
前傾型の小さなトーク帽。
イギリス版ヴォーグのコメントは
「アイデアが詰まった小さな帽子」。
（写真＝ヘンリー・クラーク、1954年）

次ページ　セシル・ビートンが
撮影したオードリー・ヘップバーンの
ポートレート。
ジバンシィによる1964年の
インド風コレクションより、
「インディア・ピンク」の
シルクシフォン地のターバンを
巻き白い椿をあしらったスタイル。

VOGUE ON　ユベール・ド・ジバンシィ

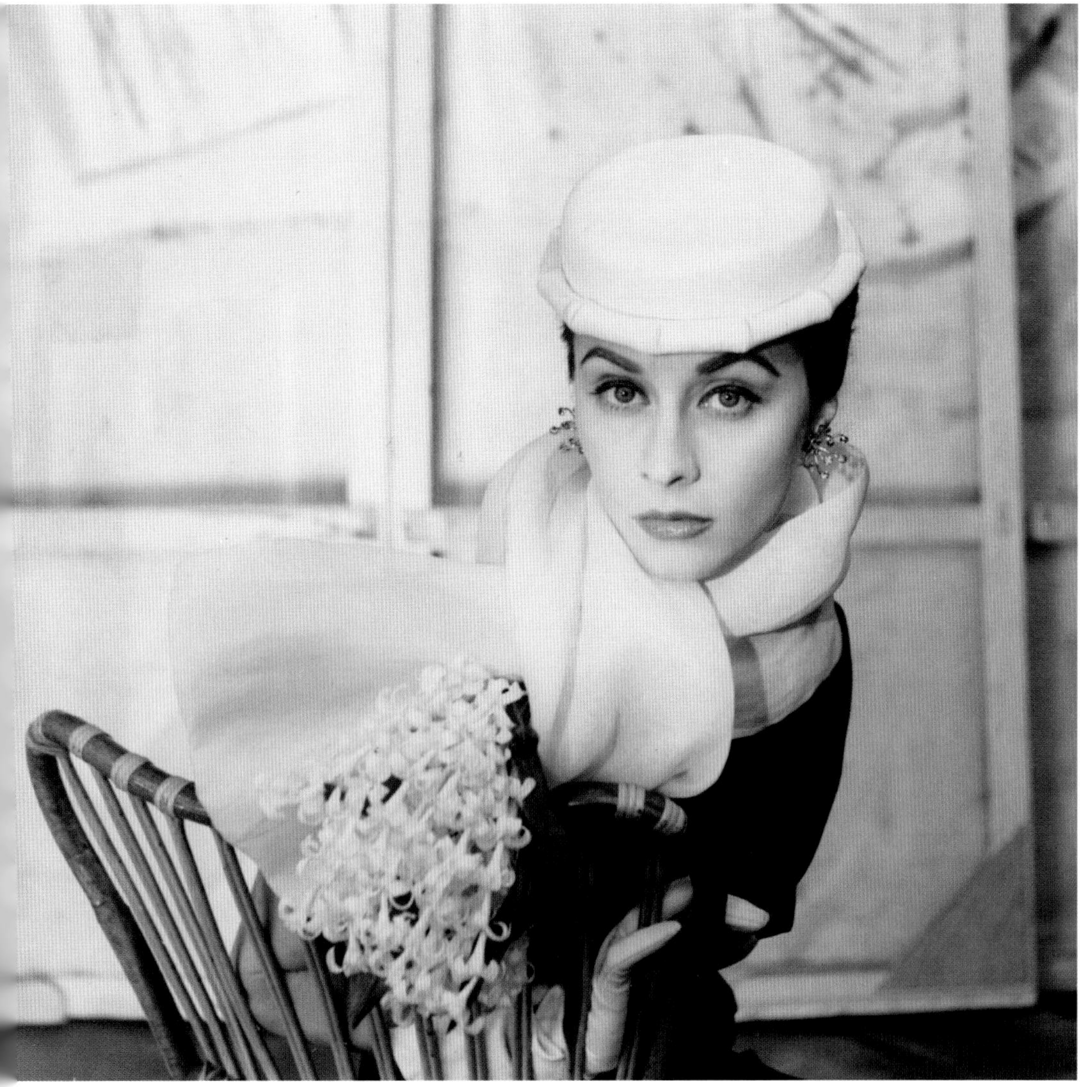

'ジバンシィのターバンにチュニック、エキゾチックな色彩をまとったうっとりしそうなルックのミス・ヘップバーン…。コレクション名はあっというまに「ジャイプール・コレクション」に決定'

ヴォーグ

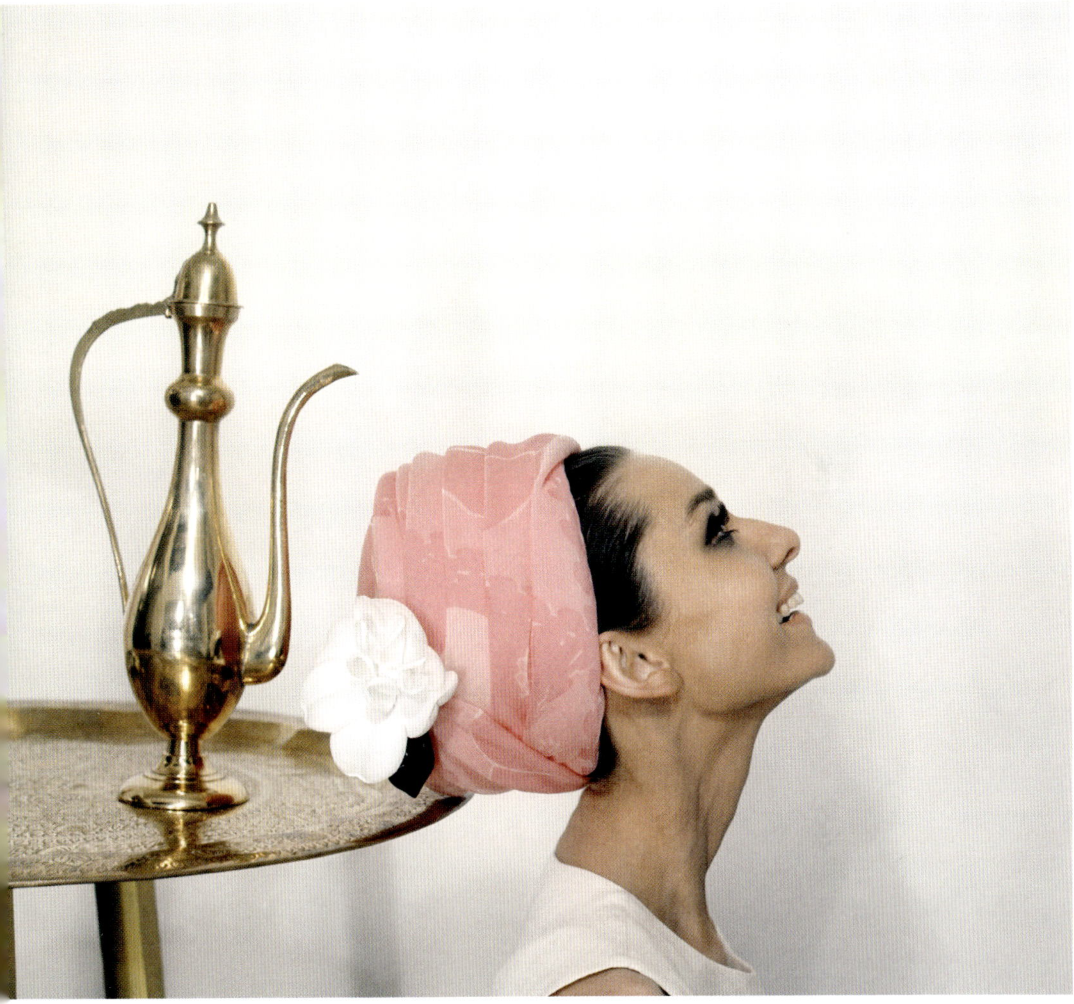

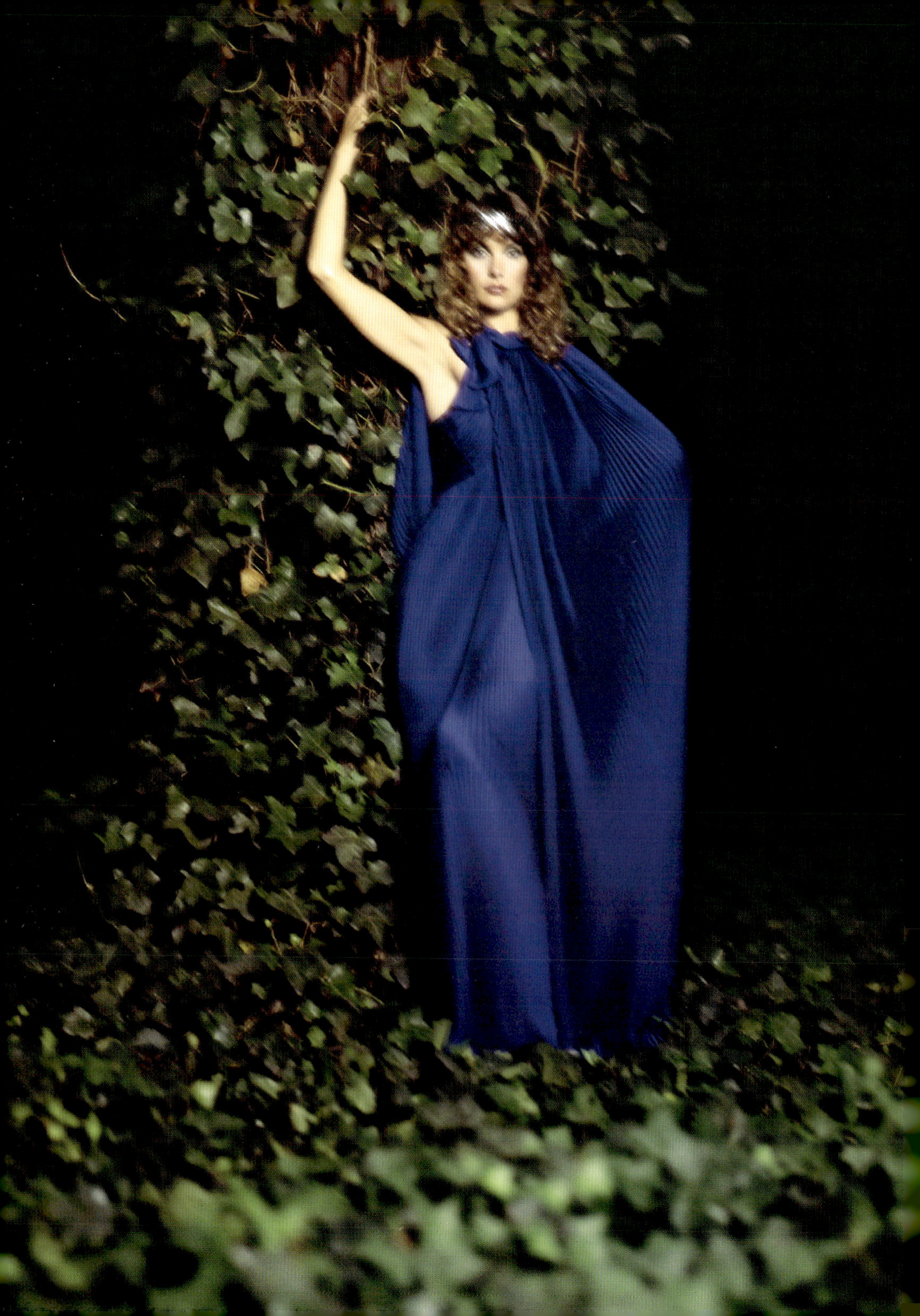

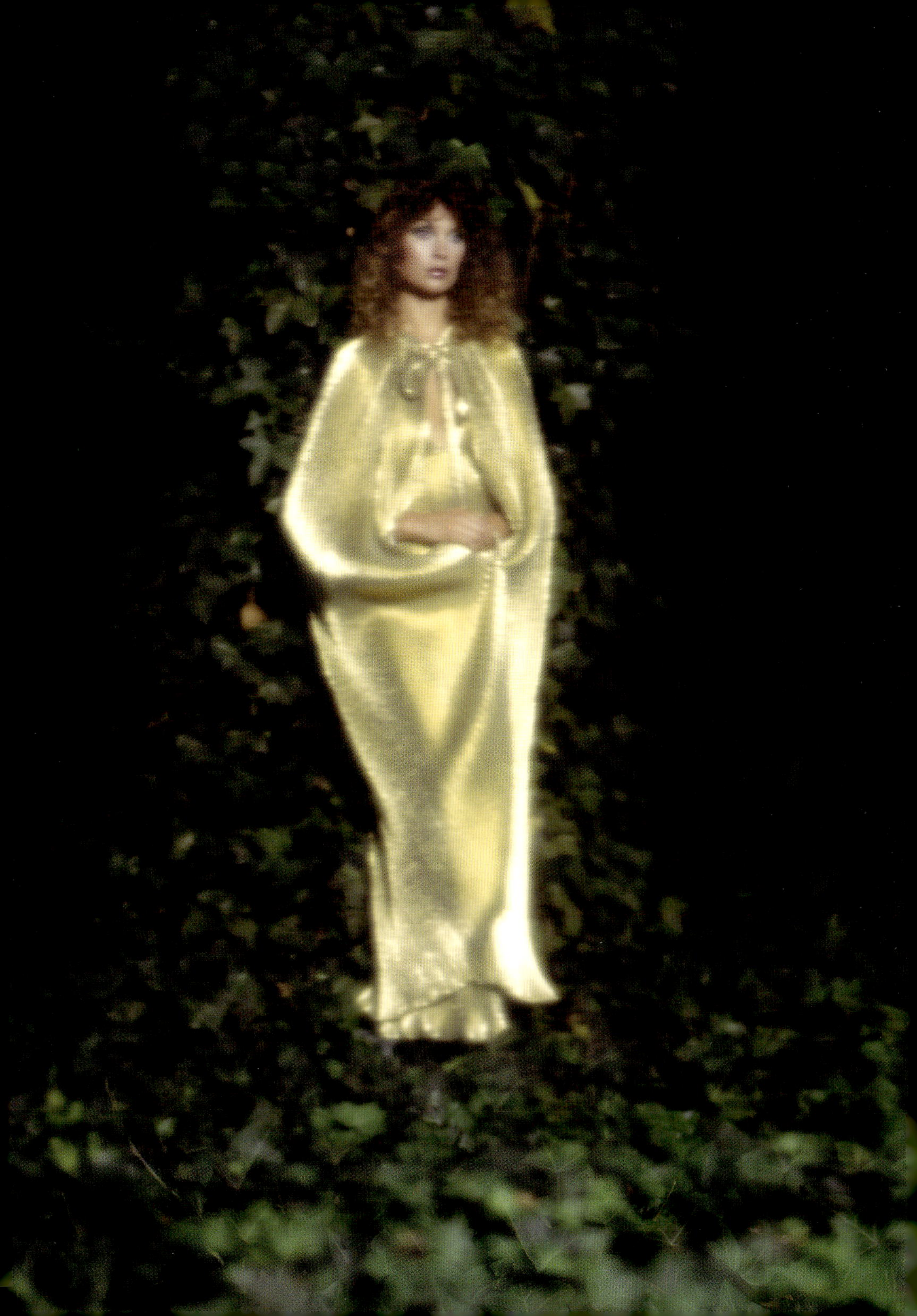

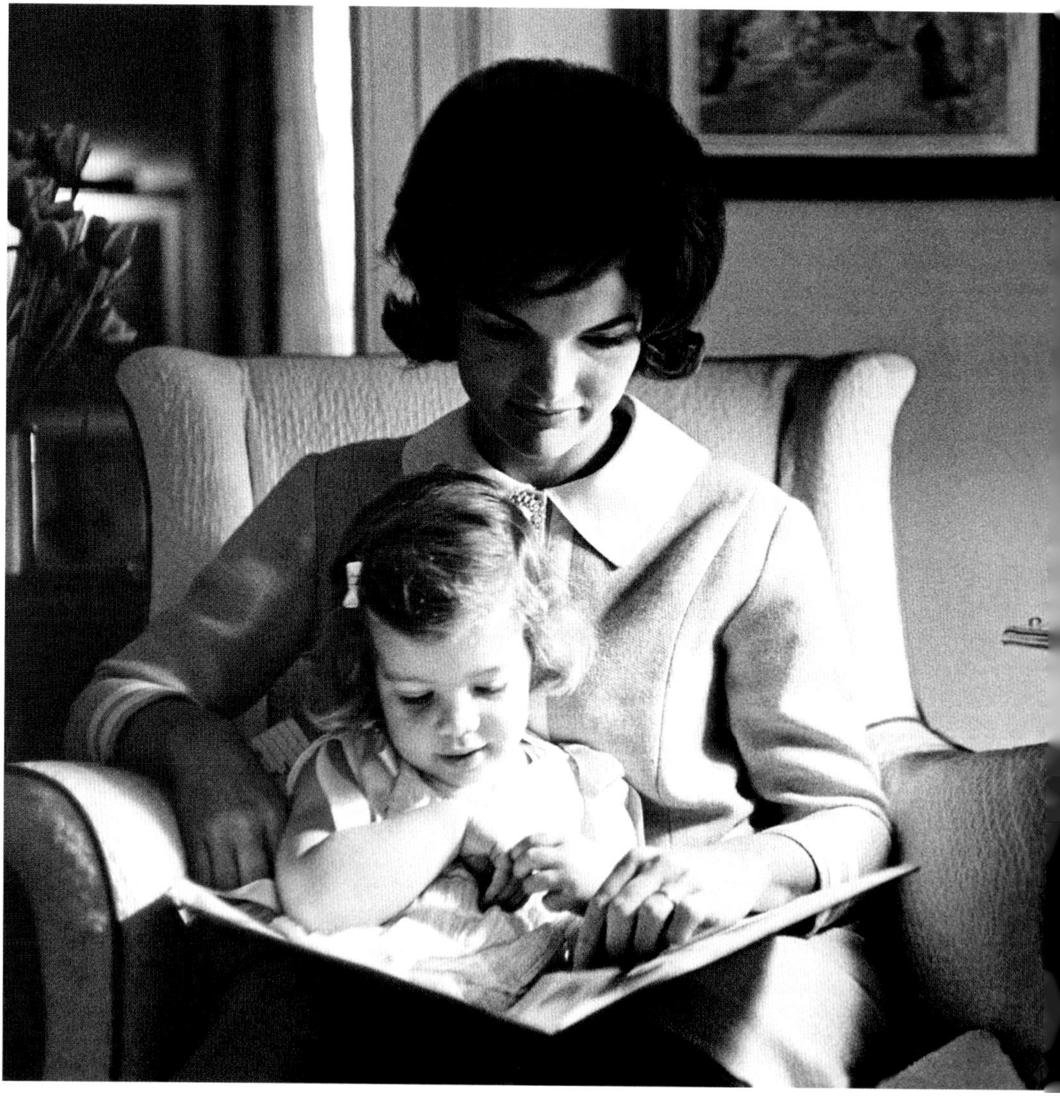

アメリカのファーストレディ、
ジャクリーン・ケネディの日常を
写した写真。
まだ幼い娘のキャロラインに
絵本を読んであげている。
ケネディ夫人のスーツは
ジバンシィのデザイン。
写真＝イブ・アーノルド、1960年

106-107ページ
ジバンシィを着て
パリ・コレクションに参加する
ジーン・シュリンプトン。
写真＝デヴィッド・ベイリー、
1973年。イギリス版ヴォーグは
「見事なプリーツ入りの光り輝く
サテンとレースのドレス。
左は、ロイヤルブルー、
右はライムと光沢のあるゴールド。

ヴォーグの出版スケジュールでは、ふたりのクチュリエの遅いショーをメイン・コレクションの特集号で紹介することは不可能だった。結局この例外のショーは、その次号に仲よく並べて掲載された。このデザイナーたちの判断がパリ・コレクション報道に与えた影響は、イギリス版ヴォーグ1958年10月号のパリ・レポートからもうかがえる。「全貌をしっかり把握したいと、だれもが関心をもつふたつの重要なファッション・メゾンがある。バレンシアガとジバンシィだ」。両メゾンはしだいに、互いを比較の基準とするようになっていった。1962年、イギリス版ヴォーグは、ジバンシィの7/8丈のコートに、バレンシアガのコートよりほんの少し短くなる傾向があることを指摘したあとこう述べた。「6時を過ぎるとバレンシアガのショーと同様に、黒い泡のような質感、エンボス加工のベルベット、マトラッセ（ふくれ織り）、さまざまな色の浮き出し模様入りブラウスの上にはおった黒のイブニングスーツが次から次へと登場した」。

プレス向けショーの予定表から抜けることは、クチュリエたちの目的には適っていたが、ジャーナリストや出版社のあいだでは混乱や不便が生じていた。バレンシアガはマスコミ・アレルギーで有名だったが、マスコミはジバンシィをデビュー当時から厚く支援してきたことから、この行動に苛立ちを見せた。1967年秋、ふたりのクチュリエは方針を変え、正式な発表日にスケジュールを戻した。そして1968年、クリストバル・バレンシアガはサロンを閉めた。困った顧客たちが今後どうしたらいいのか心配すると、バレンシアガはジバンシィを奨めた。マダム・ジルベールなど、アトリエの腕の良い職人たちにも同様に世話を焼いた。ジバンシィはマダム・ジルベールをプルミエ・ドゥ・アトリエ（アトリエの責任者）に任命した。

ジバンシィは、師のアイデアを発展させ、そこに自身のアクセントを加えた。少なくとも筆者の考えでは、バレンシアガの服は、比率、バランス、サイズの点で完璧な、破綻のない抽象的コンポジションであり、ジバンシィの服は、オートクチュールという芸術を着用者としての女性のための祭壇に位置づけるような、よりフェミニンな建築物である。シンプルさを厳格に追求するバレンシアガの姿勢を支持するジバンシィが着用者のニーズをどのくらい理解していたかを示すよい例として、1961年にジャクリーン・ケネディがファーストレディとして着たジャージードレスがあげられる。ハミッシュ・ボウルズによると、そのドレスは「一見したところシンプルなラップドレスだが、オートクチュールのイリュージョンが発揮された例だ。実際は、"巻きスカート"のひだに深いプリーツが隠されているのだ」。この仕掛けにより、デザインのシンプルな

'ジバンシィは
女性をおいしそうに
見ている'

ヴォーグ

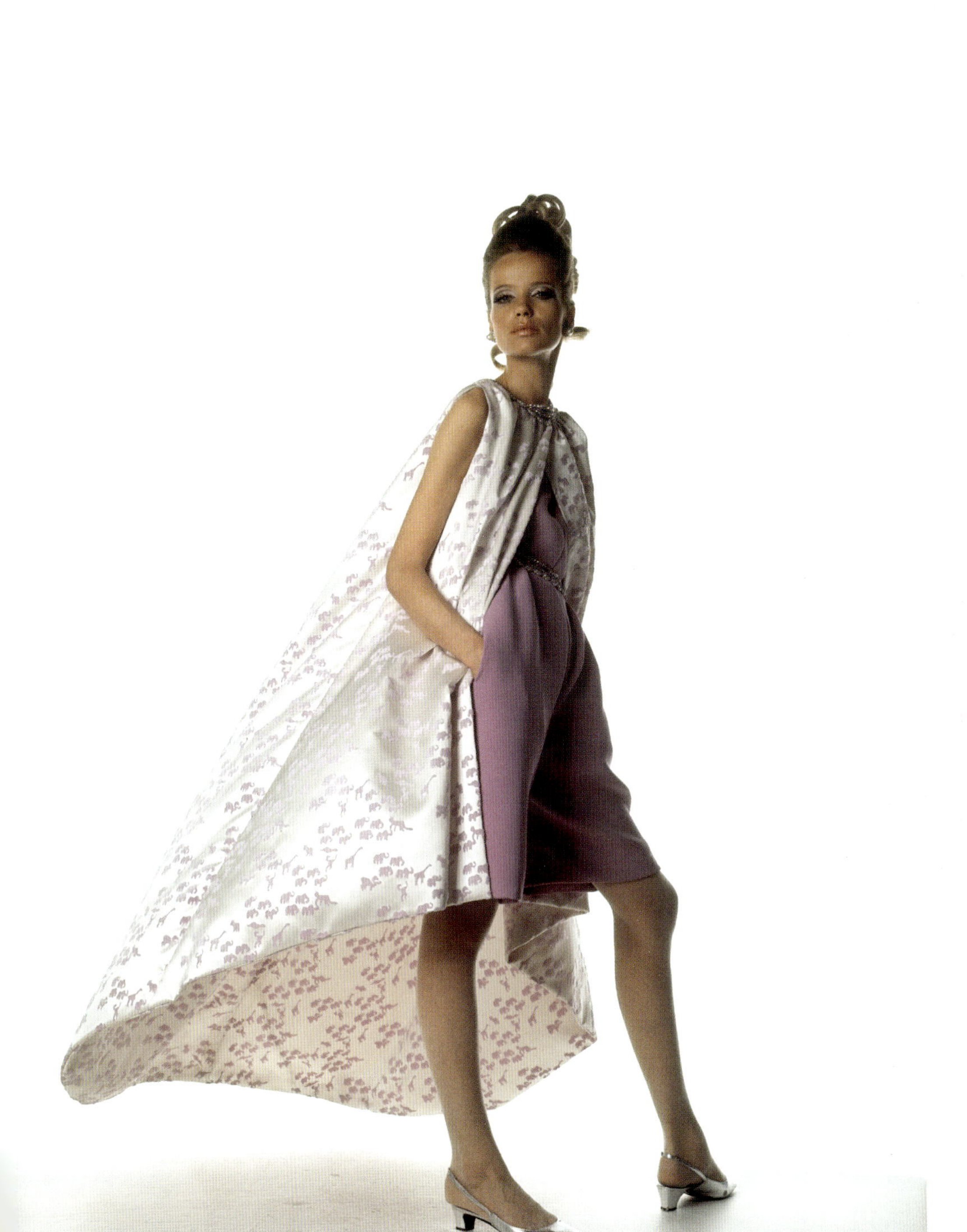

'ウェストライン
が知りたかったら、
ヨーク*ラインを
見て'

　　　ヴォーグ

*ヨーク：肩、腰、胸、背中などに用いる
切り替え部分のこと。
横位置に入れられることが多い。

シルエットは保たれたまま、着用者の動きはぐっと自由になり、脚を動かせる余地も広がっていた。

　ジバンシィの色に対するセンスはガリア芸術に根ざしていたが、控えめな色使いが多かった師の色彩感覚よりも明るく、にぎやであることは間違いない。ヴォーグの記者は「ジバンシィの色使いはいつも春の幸せなムードを漂わせている」と記している。1970年代になるとジプシー風スタイルが流行し、原色の使用が求められた。ジバンシィは次の点を強調している。「わたしのジプシーは…身なりのよいボヘミアン。ぜいたくなジプシーなのだ」。ジバンシィのデザインは、さまざまなタイプと体型の女性にうまく合うスケールで作られていた。たとえば、ジバンシィの服を理想的に着こなすのに背が高い必要はない。容姿が美しくある必要すらないのは、このデザイナーの才能だった。ジバンシィのイブニングドレスのいくつかは、女性の必需品となっていた。

　バレンシアガが1950年代に発表して物議を醸した、自然なウェストラインを隠す「シュミーズ・ドレス」を、ジバンシィは解釈し直した。そして出来上がったのが1955年秋冬のウェストがゆるやかなスクエア・ショルダーのシュミーズ・ドレスである。1957年発表のグレイウールのシュミーズ・ドレスは、原形を見事にアレンジした点が評判を呼んだ。茎についた優雅なまゆのような形状で、背面はヒップに向けてたるみがあり、前面は平らで、ふくらはぎの中央に向けて急に細くなっていた。そのほかに人気があったのは幅広いボートネックのシュミーズ・ドレスで、身ごろが肩のすぐ下から広くなり、すそに向けて徐々に細くなり、卵形を形成していた。このタイプの形のものを、ルネ・グリュオー（p.150に掲載）がイラストに描いている。前身ごろをよせて作った布地のひだを膝の真上で集め、ちょう結びのリボンでとめてある。これは、イブニングドレスのスカートに踊るような動きを加えたバレンシアガによるすそのデザインをジバンシィなりに解釈したものであった。ジバンシィのシリーズは、ドレスの前面はくるぶしが見えるよう、カットによって短くなり、後身ごろは長くなっていた。この前後の長短は連動しており、その度合いは服の用途や全体的なデザインに応じて変えられた。

チャイナブルーの軽いシャンタン地のベビードール。子ども服のように、肩で結ばれている。
写真＝ヘンリー・クラーク、1958年。
イギリス版ヴォーグのコメントは、「全体にひだをよせてヨークで集め、自由に飛行させたジバンシィ」。

前ページ　ヴァイオレット・シルククレープ地のショートドレスに、野生動物の柄がプリントされたホワイトサテン地のコートを合わせて。そでもえりもなく、すその前面が短く、背面がコーン形のロングコートが宙に舞っている。
写真＝アーヴィング・ペン、1967年

ヴォーグに掲載されたジバンシィの可憐なイブニングドレスはケープ形で、花のツボミを守る葉のように、体にフィットしたドレスをそのふくらんだ形で包んでいたが、これはバレンシアガのコーン形シルエットから影響を受けていた。1967年のコレクションで発表されたこのタイプの服には、コーン形に影響を受けたノースリーブ・コートもあった。生地はコミカルな象やキリン柄がプリントされたカットベルベットで、紫色のショートドレス上にふわっとはおられていた。バレンシアガのデザインをアレンジしたものにはほかに、ロング・イブニングドレスがある。その基本形は3段階になっており、肩を出したボディスのウェストをサッシュで締め、ぴったりしたスカートを膝上で締め、その下からレースやシフォンが泡のように出ていた。

　シュミーズを変形させたベビードールのジバンシィ・バージョンの丈は膝からかなり上に来ていることがあれば、くるぶしあたりに漂っていることもあった。レースの層がたびたび加えられたが、これは、使われている布地の透明性や支持構造に応じて体のラインを隠す役割を果たすこともあった。バレンシアガの「バレル（たる形）」スカートのラインをやわらかいイメージにするため、フリルつきのタフタとベルベットを組みあわせるなど、光沢のある生地が使われた。上を絞り、すそが狭くなっているこの形状を、称賛する批評家ばかりではなく、「このスカートはアイロンがとてもかけづらいので、2-3年すると経年劣化してしまう」と、イギリスのファッション歴史家から批判されることもあった。ジバンシィはまた、バレンシアガのコート用バルーン形デザインをゆるやかにして、シースドレスのタイトなイメージを変えた。

　師と同様、ジバンシィも、襟を立たせて布地と人体の構造とのあいだのスペースを最大限に活用するデザインに取りくんだ。コート、ジャケット、ドレスのファンネルカラーはその代表例。首をゆったりと取り巻いて頭部の姿勢を優雅に見せる垂直な襟のデザインだった。このカテゴリーにはほかに、ぴったりフィットさせた下半身上に布地を浮かせるキャラペース（亀の甲羅様デザイン）もある。このように、ベビードールに関してはさまざまな試みが見られた。ジバンシィのデザインにおいては、ポーチバック・ジャケットや、ジャケットの背面がふわっとゆるく、前面が体にフィットしてウェストが強調されるセミフィット・スーツや、9/10丈、7/8丈のコートが、バレンシアガの影響を特に強く受けたが、実際の作品はジバンシィらしく仕上がっていた。

ジバンシィについての記事「ヴァンプ・ドレスの新デザイン」でイギリス版ヴォーグは、デニムを使い、ファンネルカラーと広めのショルダーラインをとり入れたデザインを紹介。
（写真＝パトリック・デマルシェリエ、1991年）

次ページ　装飾美術館のフェルナン・レジェ回顧展にて。レジェのモダニズムとジバンシィのオートクチュールのモダニティを融合させようと、ヴォーグ・パリは、ジバンシィのコレクションからファンネルカラーの作品を選んで掲載。高くそびえるカットの襟は半マスクとしても機能し、着用者の首と顔の下半分を取り巻きながら、体から一定の距離を保って立っている。
（写真＝ホルスト、1956年）

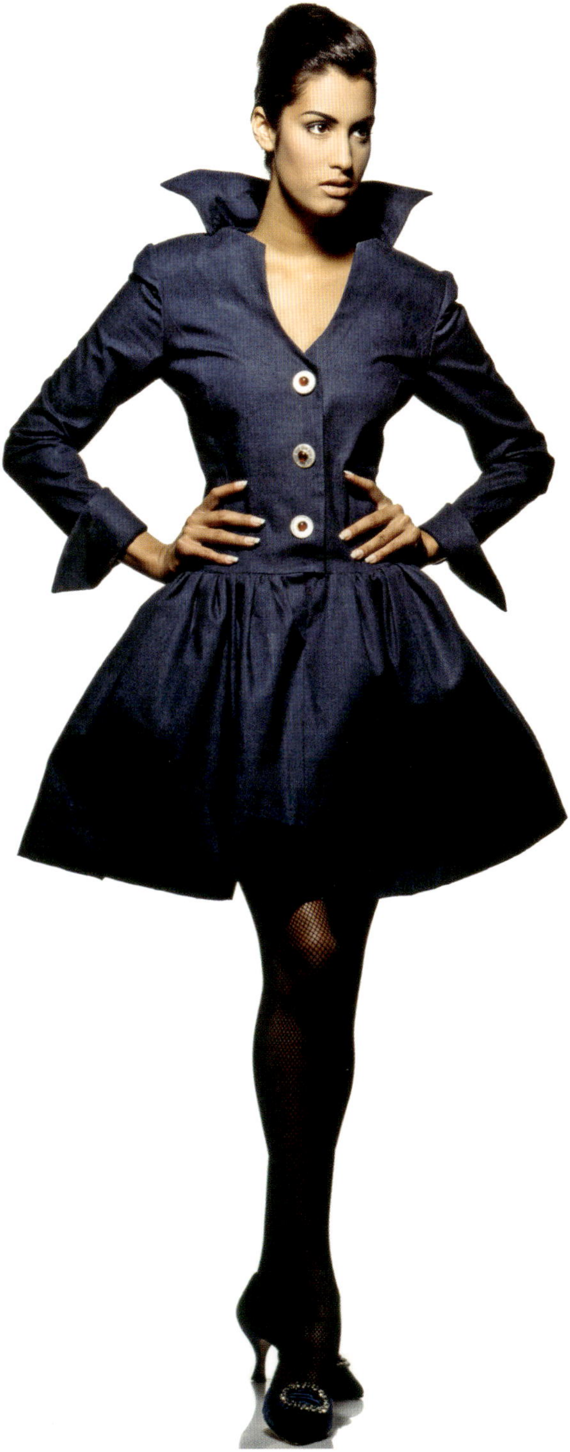

'コンテンポラリー・
シックの先駆者'

ヴォーグ

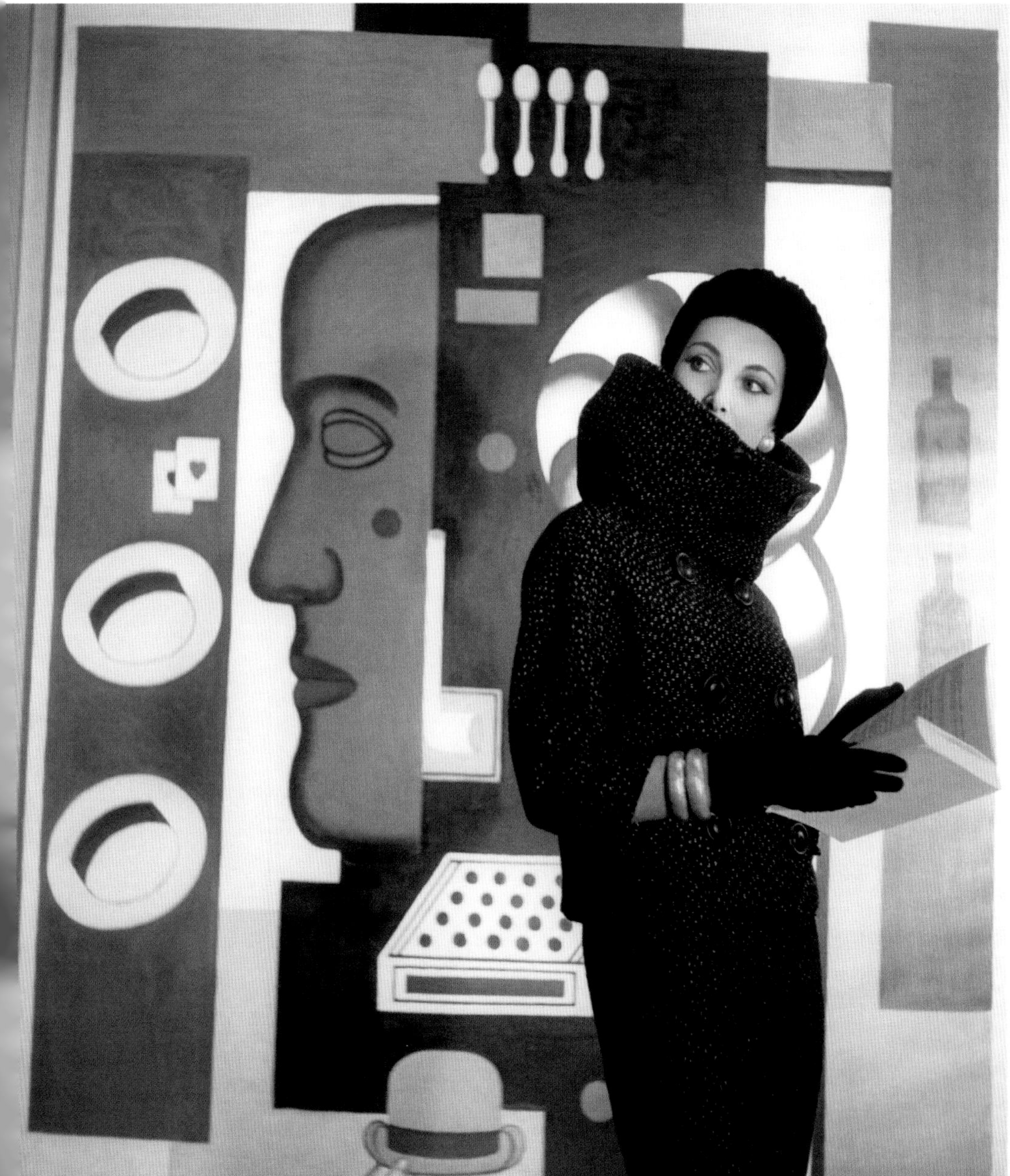

ジバンシィは、アームホールのデザインに対するバレンシアガのアプローチからも影響を受けていた。それは、着用者の着心地をよくすることに夢中なジバンシィが関心を持つのも当然の技術だといえる。バレンシアガ派のクチュリエにとって、そでのつけ方は大いなる関心事であることは知られていた。ショルダーライン（衣服の肩線）が広いと、着心地がよさそうに見えるばかりでなく、実際に着やすくなる。マリー＝ジョゼ・レピカールはこの部分のプロセスを次のように説明している。「しわも、つぎ目もない、皮膚のように非の打ちどころのないそでであれば、肩甲骨、肩、鎖骨、腕が動きやすくなるため、体が再びポーズをとるときにも生地が窮屈さを感じさせずについてくるだろう」。アームホールが首から延びている幅の広いラグランそでや、そで口で細くなるドルマンそでなど、そでがコートやジャケットの本体と一体化しているタイプは、ジバンシィがバレンシアガの仕事をアレンジしたものだ。

　バレンシアガから影響を受け、シンプルさを追求するジバンシィに、ヴォーグは初期のころから称賛を贈っていた。1953年、アメリカ版ヴォーグは、次の作品を大々的にフィーチャーしている。「膝丈のブラック・ジャージー素材のロングドレス。ベルトも、えりも、背中もない。あるのは、恐ろしく美しい形状だけ」。ヴォーグは、過ぎたるは及ばざるがごとしというジバンシィのアプローチを全面的に支持していた。このアプローチが、衣服がますますゆったりとしたものになる傾向を促進するであろうことに特に注目していたのは、アメリカ版だった。1954年、ゆったりした服へのジバンシィのアプローチから赤いジャージー素材の2ピースが誕生。「ゆったりとした服としては、かつてない程の格好のよさ。（中略）とてもシンプルなスカートに、ボタンでとめるとてもシンプルなボディスが合わされている」と評価された。1957年、アメリカ版ヴォーグは、次の点を指摘している。「コレクション中のスーツ同様に控えめだが（中略）唯一の装飾であるポンポンが、ボタンの働きをしている」。

'純化し、洗練させることはジバンシィの十八番'

ヴォーグ

ス ペイン人師匠からの金科玉条はさておき、ジバンシィを発展させたほかの要素には世俗的なものも多かった。サロンの立ちあげをマダム・ブイユー=ラフォンに手伝ってもらった日以来、ジバンシィのキャリアにおいては、女性、とりわけ美女が重要な役割を果たしたといっても過言ではない。ジバンシィ自身も、美女好きであるとたびたび発言している。ヴォーグも、あちこちで美女と一緒に写るジバンシィの絵画のような写真を掲載している。美女は、ジバンシィ・ブランドのビジュアル・イメージにとって必要不可欠な存在だったようだ。ジャクリーン・ケネディはファーストレディとしての役割を果たすなかで、オードリー・ヘップバーンはミューズとして、とりわけ重視された。この嗜好に関し、ジバンシィをパリのほかの多くのクチュリエたちから際立たせていたのは、自身の服のモデルを絶世の美女に務めさせることへの強いこだわりだった。ベッティーナ・ブラウスを着たベッティーナは、その初の代表例だ。メゾン専属モデルでオードリー・ヘップバーン似のジャッキーも同様だった。ジバンシィはエスニックなモデルたちもつねに起用していた。1980年代は、黒人モデルを多数採用。中国人もメゾン専属モデルとしてファッション写真に花を添えた。ファッション工科大学の回顧図録ではその著者が「ジバンシィのモデルたちは驚くほど美しく、若かった(中略)その多くがのちに映画や結婚で有名になった」と述べている。

女性の美がもつ創造的なパワーに対するジバンシィのアプローチは、特にブランドの得意客に対し効果を発揮したようで、数多の美女たちをひきよせた。美女ばかりでなく、幅広い世代の強烈な個性をはなつ面々も、憩いの場としてジバンシィのサロンで過ごすようになった。ヴォーグ・パリの記者は、「ジバンシィの常連客たちは、世界一甘やかされているが、世界一洗練されてもいる」と断言している。その真偽の程はともかく、世界でも最高レベルのファッショナブルな美女やエレガントな若い女性たちがジバンシィを着たいと願ったことは確かだ。この状況をいち早く察知したヴォーグは、ジバンシィのプライベートな顧客のなかでもえり抜きの女性たちに、写真を撮影し、それを雑誌で紹介できないかともちかけた。この写真を掲載したところ、ジバンシィ・コレクションのプライベートな世界が公開されたことが、センスのよい若い世代のあいだで大評判となった。

次ページ
ロンドンのリッツ・ホテルで昼食をとるリー・ラジヴィル王女(旧姓：ブーヴィエ)。ヘンリー・クラークが1960年に撮影。ジバンシィによる生糸製スーツと帽子で装い、ペットのパグ犬、トーマスを抱いている。

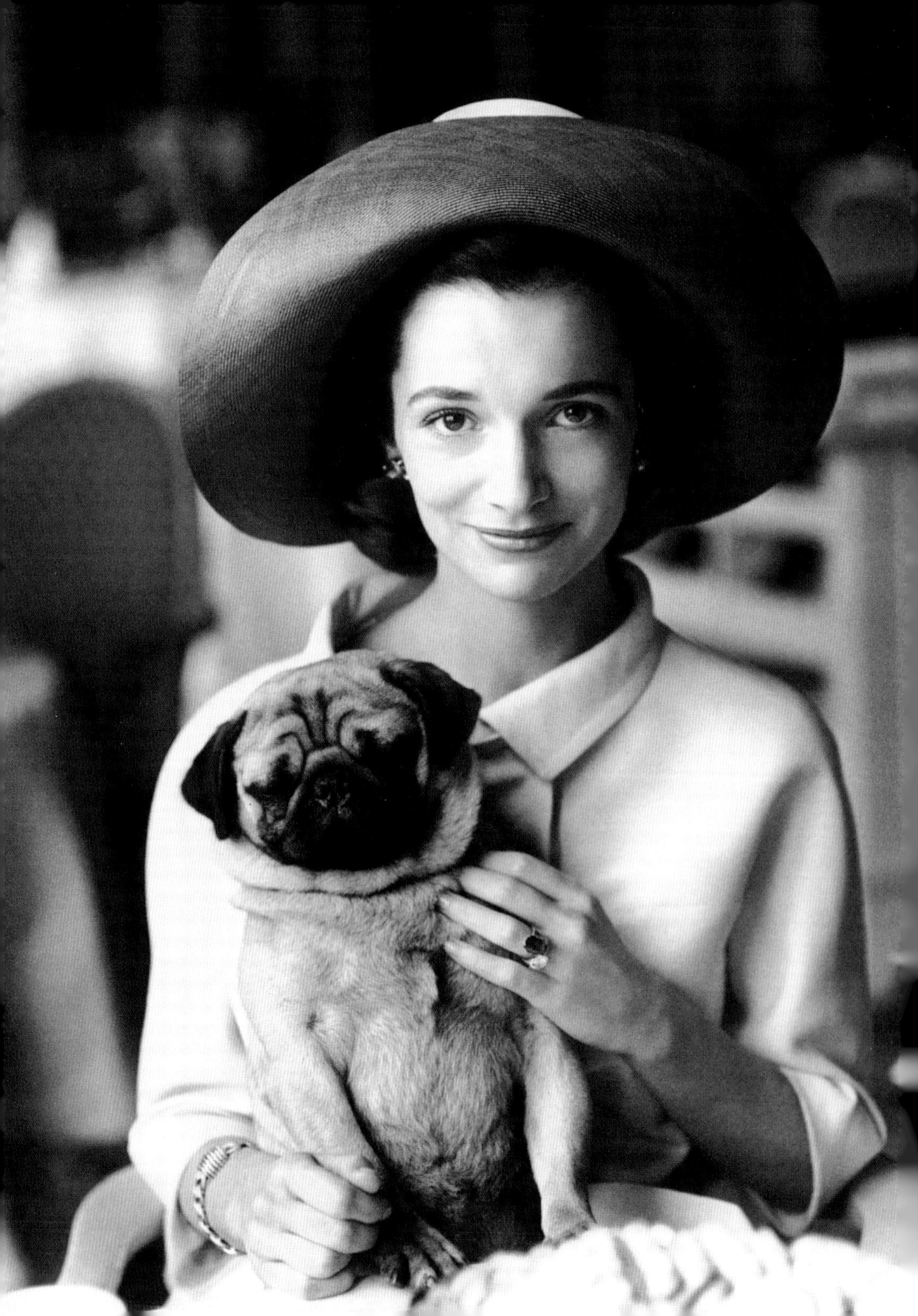

'世界有数の洗練された
女性たちの多くが
ジバンシィを着ている'

ヴォーグ

ジバンシィのコレクションは、プライベートな顧客たちの私生活によくなじんだため、洋服と生活をテーマにした特集で採りあげられた。ジャクリーン・ケネディの妹であるラジヴィル王女（旧姓リー・ブーヴィエ）に関するアメリカ版ヴォーグの1960年の記事はその一例だ。ロンドンの拠点である18世紀に建てられた屋敷で過ごすラジヴィル王女をヘンリー・クラークが撮影。その記事は、都会で生活するか、さもなければ旅行に出ていることがほとんどの王女が愛用しているのはジバンシィの服だと伝えている。環境や気候の変化に対応させやすいからというのがその理由だった。王女は、ジバンシィのドレスやジャケット・アンサンブルのコレクションを色違いや布違いでそろえており、室内にいるときは、ロンドンとパリではジャケットを着用し（スーツとして着る）、セントラルヒーティングがあるニューヨークやワシントンなどではジャケットを脱いでいたそうだ。記事はこう続けている。「彼女のファッションに特徴があるとすれば、それはシンプルさだ」。そのほかの話題では、ラジヴィル王女は姉にジバンシィのコレクションについていつも話しているという記述もあった。

　「パリで、だれがなにをお買物？」と題された1962年の特集で、アメリカ版ヴォーグはフレデリック・エベルスタッド夫人を採りあげた。エベルスタッド夫人はアメリカの詩人、オグデン・ナッシュの娘であり、自身もまた作家だった。ジバンシィのサロンをはじめとするパリの名所を5種類のジバンシィの服を着て訪れるイザベル・エベルスタッドを、夫のフレデリック・エベルスタッドが撮影。チュイルリー公園では、「巧みに裁断・縫製されているため実際よりもやせて見えるジバンシィのシナモンウール地コートの代表作を着て」、まだよちよち歩きの愛娘、フェルナンダと一緒に過ごしていた。記事によると、イザベル・エベルスタッドはジバンシィのショートイブニング・ルックがお気に入りだそうで、芸術家のジーン・アープをひきあいに出し、その黒いケープの形を「まさにアープの卵のよう」だと語っていたことが伝えられている。引きひもでとめられたそのケープには、固めたレースの花が全体にちりばめられていた。イザベルはこれを、浮きだし模様入りのスリムな黒のベアドレスに合わせて着ることもある、と語った。

　1964年にバート・スターンが撮影した「国際的な美女たち、ミセス・パトリック・ギネスとバロネサ・ティッセン」に、ヴォーグの3カ国版がこぞってスポットを当てた。イギリス版ヴォーグは彼女らを、「ジバンシィによるデザインのアイデアすべてを追いかける、クチュリエの若き同時代人」と称した。写真のなかのふたりはジバンシィのロング・イブニングドレスや、デイドレス、飾りつき帽子の最新デザインに身を包んでいる。

ジバンシィのスーツを着たティッセン男爵夫人。明るいレモン色、スタンドカラー、幅広く取った肩部、七分丈のそではすべて、ジバンシィが当時力を入れていたスタイル。（写真＝バート・スターン、1964年）

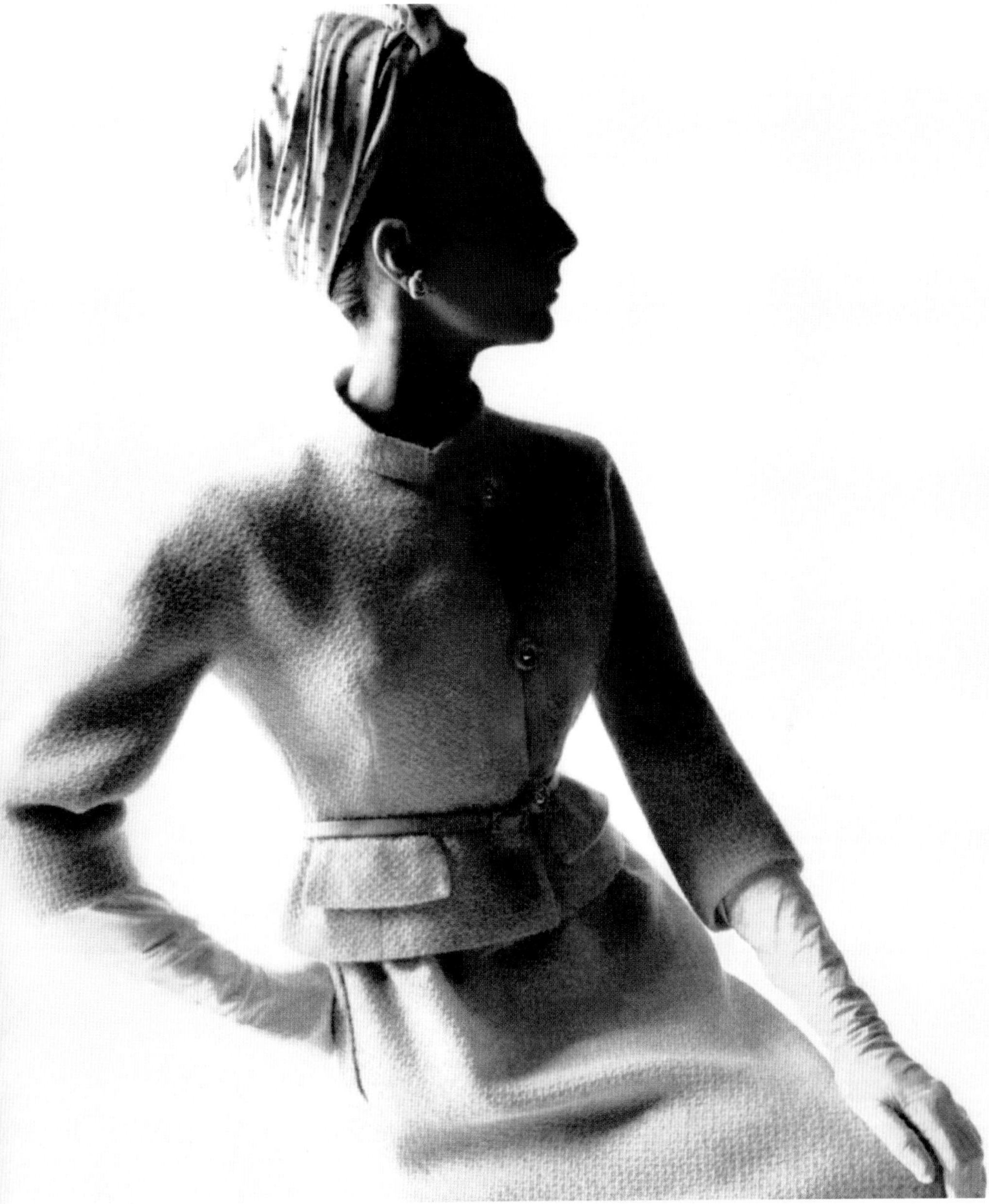

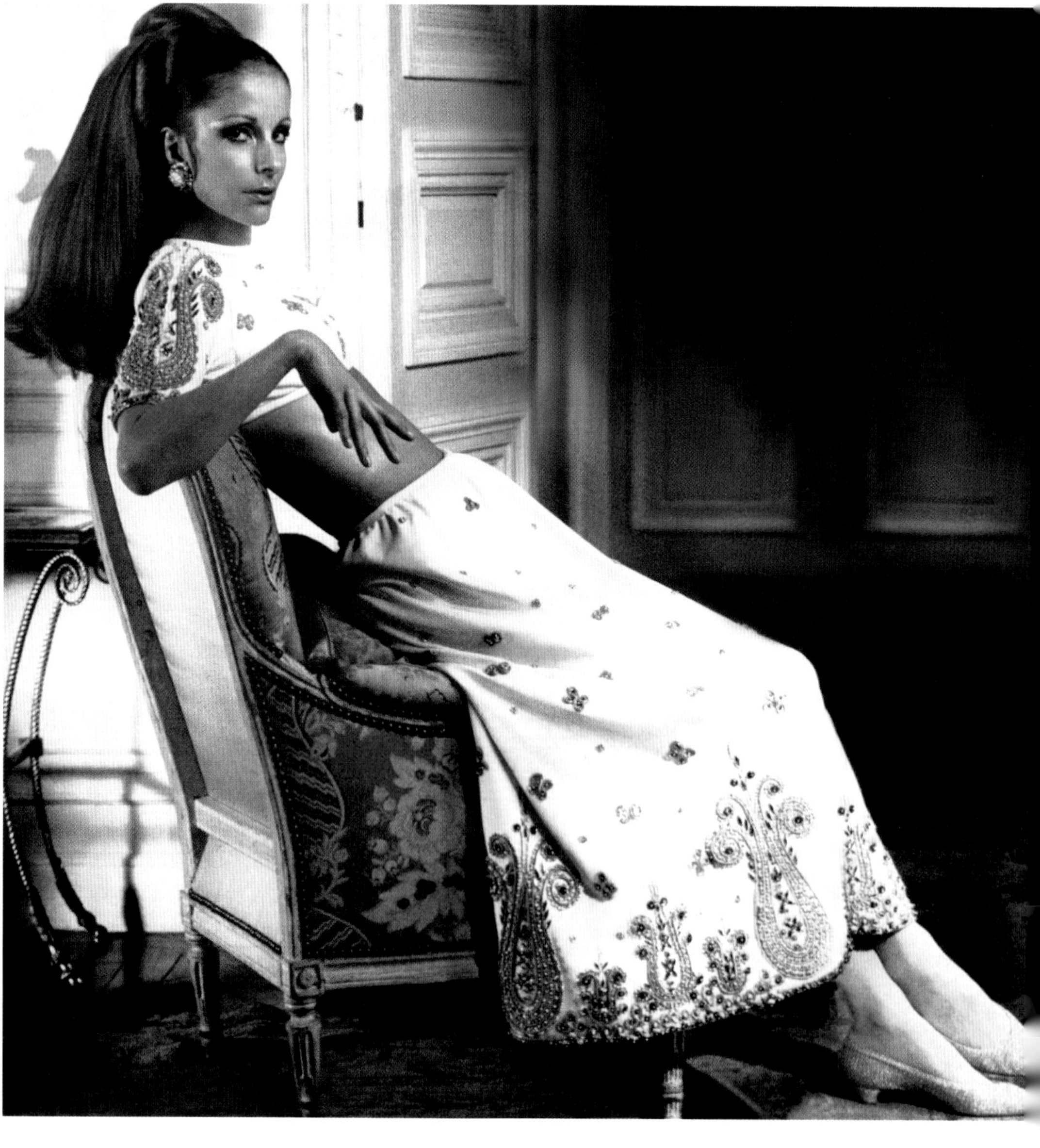

'パリでとりわけ美しい
ルックスは
膝下丈スカートの
すばらしい新比率を
見いだした
コレクションにある'

ヴォーグ

ジバンシィのシニヨンをぐっと下げてつけた
パトリック・ギネスの夫人の横顔。王冠のような
シニヨンから黒いオーガンザ地の花びらがあふれでている。
(写真=バート・スターン、1984年)

前ページ ギネス夫人が着ているへそ出し衣装は、
ジバンシィによるシルク地の短い白のボディスと
インド風モチーフ入りのスカート。
モチーフはメゾン・レサージュが金の刺繍糸で製作。
(写真=ヘンリー・クラーク、1970年)

母のグロリア・ギネスもジバンシィの顧客だったドロレス・ギネスは、「黒いオーガンザ地の花びらがあふれでる王冠のようなシニョンをぐっと下げてかぶった」クラシカルな横顔のアップを撮影された。アメリカ版ヴォーグ誌上では「肩ひものないイブニングドレスがジバンシィに戻ってきた」ことを歓迎する記事で、そのイブニングドレスに身を包んで登場している。

　男爵夫人と呼ばれたのは実業家であり、美術収集家でもあったハンス・ハインリヒ・ティッセン＝ボルネミッサと結婚した元ファッションモデルのフィオナ・キャンベル＝ウォルターだ。ジバンシィの当時の作品テーマだった、明るい色への愛が、その衣装に表現されていた。懸案のスーツは、レモンイエローだった。このオーダーメードのジャケットには、中心を外した留め具への好みと、ウェストの細いひもベルトへの信条がうかがわれる。このジャケットには、少しふくらんだ、バレルスカートが合わされた。

　横顔を撮影されたフィオナ・ティッセンは、黄色と青色のシルクネクタイを巻いたターバンをかぶっていた。アメリカ版ヴォーグで、フィオナは「絶世の美女のためのドレス」を身にまとい、横顔を撮影されている。そのドレスの説明は「ターコイズとインド風ピンクのひもなしオーガンザのプリンセス」だった。ヴォーグ・パリは、このモデルたちを「ジバンシィの最も忠実な顧客」として紹介し、イブニングドレスやデイドレス、シニョンで装った姿を掲載した。

　社交界の若い世代を得意客にもつジバンシィは、俳優などの芸能人からも大きく支持された。芸能人たちは、自分たちの仕事を理解する、同じ土俵で活動する芸術家としてジバンシィに接したのだ。ジバンシィは16本の映画や、舞台の衣装をデザイン。担当した作品には、フランソワ・サガンの小説を映画化した、リビエラが舞台の物語『悲しみよこんにちは』もあった。1958年、アメリカ版ヴォーグはその出演者であるデボラ・カーとデヴィッド・ニーヴンを映画の登場人物の設定と衣装で撮影。私生活でもジバンシィの顧客であるデボラ・カーはジバンシィのシュミーズ・ドレスを着た。この夏向けの休日着は、すそが膝下丈で、ヒップに大きなポケットがあり、えりは、ジバンシィの名物であるスタンドカラーだった。ヴォーグは、腰のくびれのないシュミーズ・ドレスが大画面に初めて登場した映画史上でも貴重な瞬間を、この衣装は象徴しているのではないかと提言した。

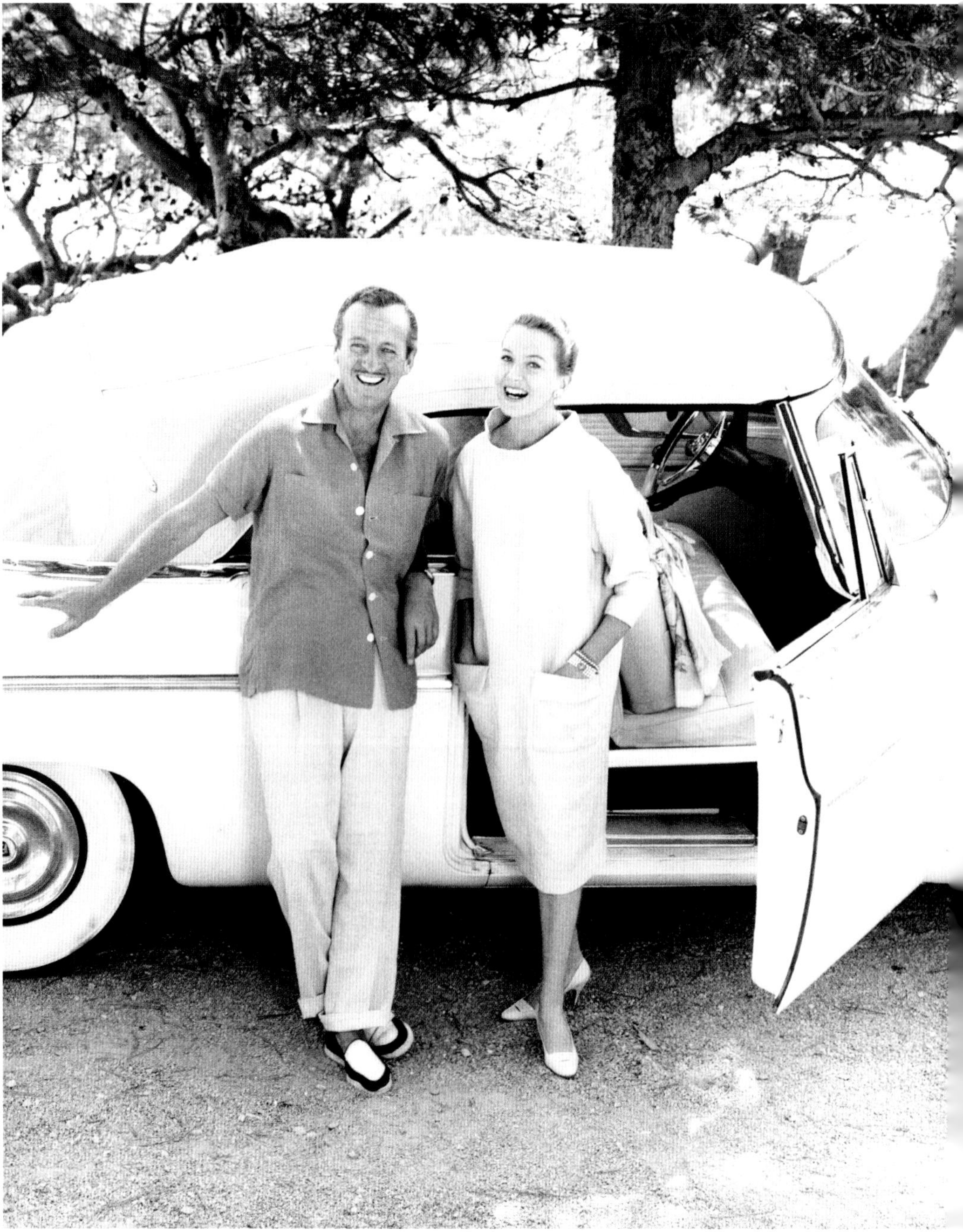

ジバンシィを回顧する図録に掲載された有名芸能人には、私生活でも、1955年の舞台「オーヴェ(Orvet)」の衣装でもジバンシィがデザインを手がけたレスリー・キャロン、プライベートでシュミーズ・ドレスを着ていた顧客のグロリア・スワンソン、パリ・オペラ座での祝賀会の衣装にジバンシィを選んだジーン・セバーグ、ジバンシィしか着ないと宣言したソフィア・ローレン、オセロのニューヨークでの初公演にジバンシィのブラックレースのドレスを着たローレン・バコール、ジバンシィ・ブティックのペールピンクのカフタンを休日に着た姿を撮影されたエリザベス・テイラーなどの名前があった。そのほかにも公の場でジバンシィを着た芸能人には、マレーネ・ディートリッヒ、メルル・オベロン、グレタ・ガルボ、マリア・カラス、ロミー・シュナイダー、ジュリー・クリスティー、ジェニファー・ジョーンズ、ダイアナ・ロス、ジュリエット・グレコ、キャプシーヌがいた。なかでもキャプシーヌは1990年代に入ってもジバンシィの衣装を着ていた。アメリカで有名なメゾソプラノのオペラ歌手、フレデリカ・フォン・シュターデは、ジバンシィを着ると「うまく歌えるのよ」と話していたという記録がある。

映画『悲しみよこんにちは』の衣装で登場人物に扮するデボラ・カーとデヴィッド・ニーヴン。両スターの衣装を担当したのはジバンシィ。
トップ女優が着ているのは、ジバンシィの50年代のシュミーズ・ドレス。
(写真＝エリア・カザン、1958年)

　そのほかに特筆すべき人物に、アメリカ版ヴォーグの元編集長、ダイアナ・ヴリーランドがいる。1986年、ジバンシィは春夏コレクションを彼女に捧げている。同コレクションのイブニングドレスのルックスが、メトロポリタン美術館衣装研究所で開催され、ヴリーランドが特別コンサルタントとして主催した「インド宮廷衣装(Costumes of Royal India)展」からヒントを得たものだったからだ。ヴォーグ誌内外でのダイアナ・ヴリーランドの活躍を描いたバイオグラフィ・オデッセイである映画『ダイアナ・ヴリーランド伝説のファッショニスタ』にも、ジバンシィは友情出演している。映画のなかでジバンシィは「彼女は単なる編集者ではなく、ファッション・クリエイターでもあった。物事を人とはまったく違った観点から見ていたのだ」と回想している。ヴリーランドがヴォーグに在籍していた1960年代後半、この発言に関連したちょっとしたエピソードが、ジバンシィに関し起こっていた。ジバンシィから新しい化粧品、レッグペイント(脚に絵を描いて飾るためのペイント)が発売されたときのこと。ヴリーランドの伝記によると、「ヴリーランドは、この商品のアイデアに対し、編集部が関心を示さないことにかなりいらだち、こう発言した。"むしろ、このカラーペイントにだれも関心を示さないということに好奇心がわくわ。とても楽しそうだし、なにか起こしそうな感じがするというのに"」。

VOGUE ON ユベール・ド・ジバンシィ

ヴォーグに掲載された自宅でくつろぐジバンシィの記事は、彼の新たな一面を世に知らしめた。記事では彼が追い求めるファッション、アート、インテリア装飾に相互作用があることが強調された。1969年、アメリカ版ヴォーグの「ライフスタイル・ジバンシィ」の記事は、このデザイナーがインテリア装飾においてもファッションと同様に新旧を対峙させていることを説明した。パリの左岸にあるアパルトマンでは、ピカソの新作の油絵「パイプをもつ男」(1968年)がルイ16世調コンソールの上にかけられていた。コンソールには、「ライオンの頭部、毛皮、ムチのような尾が彫られている」とあった。ジバンシィ自身は、ピカソの絵画「グレート・パン」のそばで、自身のメンズウェア・コレクションの最新作に身を包んでいる姿が撮影されている。その最新作とは、銀のブロケード地のパンツにネイビーシルクのタートルネックを合わせた衣装だった。そこから、記事の話題は田舎の別荘へと移る。そこでジバンシィは、19世紀のフランス人芸術家、ジェームズ・ティソが描いたイギリス役人の有名な肖像画を真似た服装と、ソファに座って脚を伸ばしたポーズで撮影にのぞんだ。黒のパテントブーツをはき、片側に赤く細いストライプが入った衛兵の黒いズボンに、黒いシルクのプルオーバーを着ていた。

ジョン・カウアンが1969年に田舎の別荘で撮影したデザイナー。新作のメンズウェア・コレクションのモデルを自ら務めている。片側に赤く細いストライプが入った衛兵の黒いズボンに黒いシルクのプルオーバーを合わせて。

'パリのアパルトマンやベルサイユ付近の邸宅で、
自身がデザインした服を着て過ごす
ユベール・ド・ジバンシィは、
比率、贅沢さ、新旧のバランス
それぞれに対するセンスのよさを見せつけた'

ヴォーグ

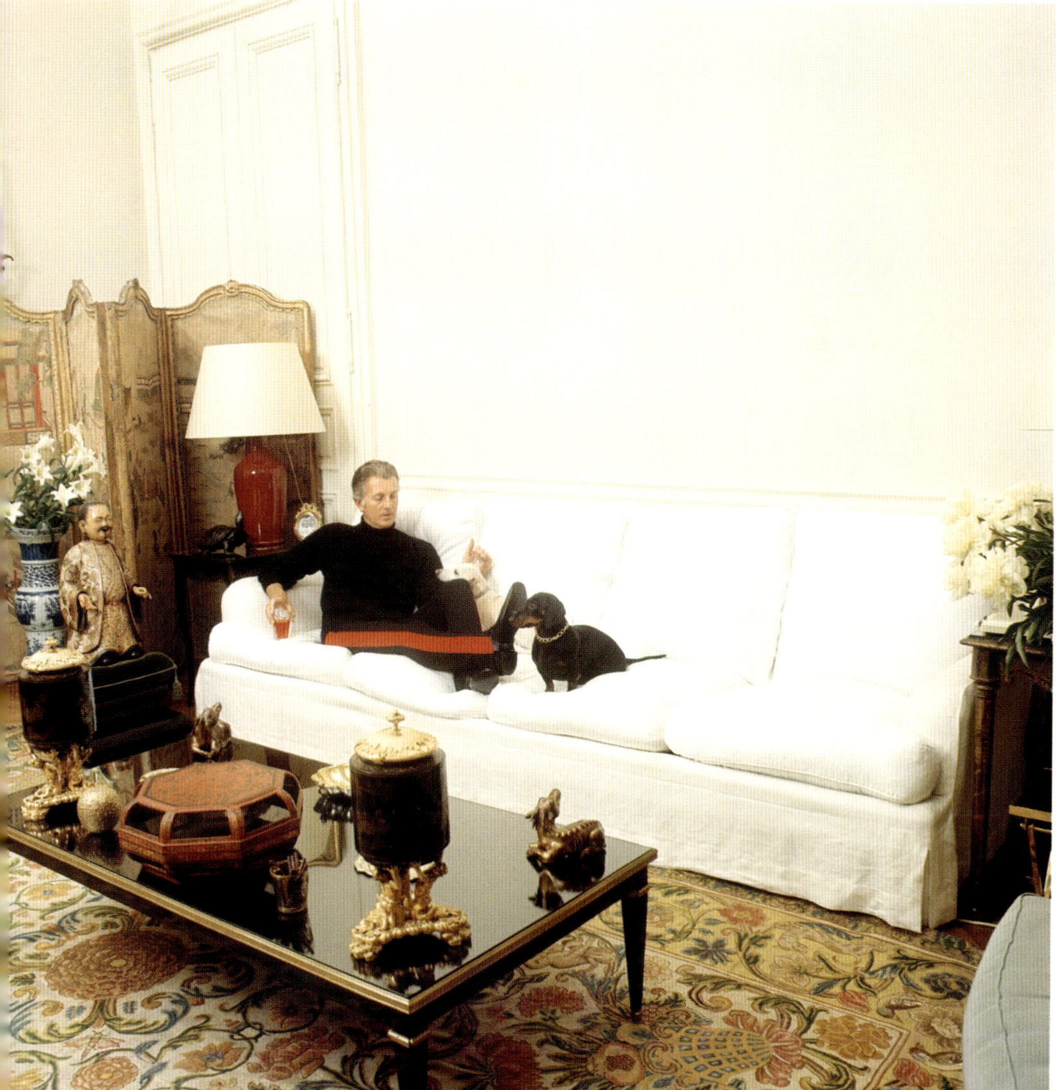

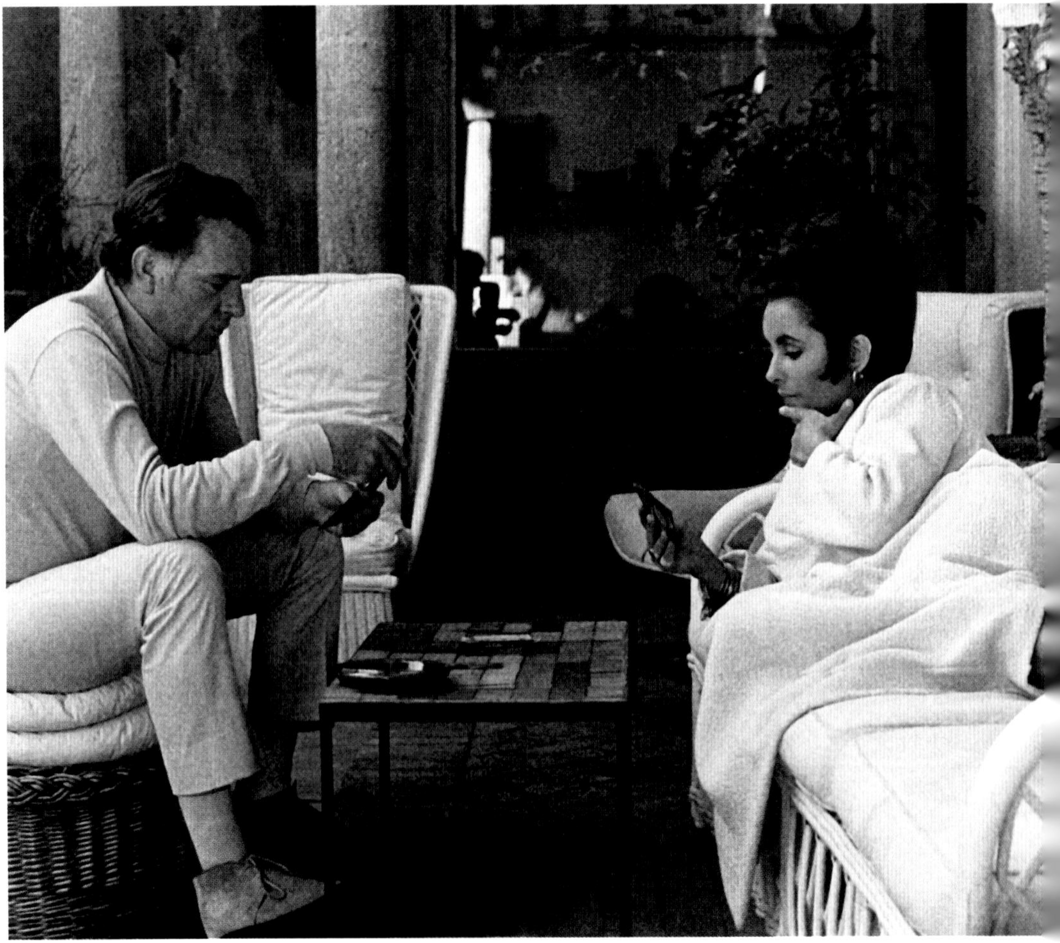

1974年にイギリス版ヴォーグも同様のアプローチをとったが、今度はオートクチュール・コレクションを強調。パリの撮影場所は前回と同じだった。飾られている芸術作品やインテリア、環境を考慮し、記者は次のような感想をもらしている。「セッティングも、ジバンシィもすばらしかった」。撮影を担当したのはノーマン・パーキンソン。ジバンシィは裸足で、水色のオープンネック・シャツにプルシアンブルーのパンツという普段着姿だった。いすに腰かけたジバンシィは、モデルに親しげに腕をまわし、モデルは彼のそばに立って満面の笑みを浮かべている。彼女の衣装は全身丈の優雅なスリット入りシフトドレスだった。生地は繊細なオリエンタル調の花柄プリント入りで、スリットは太ももから足首まであった。プリント布はエイブラハム社製。えりはボートネックで、ゆったりしたそでには床につくほど長いシルクのフリンジがついていた。インタビューで自らの仕事についてたずねられるとジバンシィは「単にワンシーズンで終らず、延々と続くオートクチュールは投資だ。このドレスは、そのオーソドックスな例。フリンジにも、そでの中での腕の動きにも非常に細かい工夫が凝らされている。それでいて、古くなる要素はなにもない」と答えた。

　パリからそれほど離れてはいないトゥーレーヌにある16世紀のお掘りつきマナーハウス「ル・ジョンジェ」をジバンシィが入手したときのアメリカ版ヴォーグの記事により、ジバンシィの人間らしい側面に対するまた新たな視点が生まれた。ジバンシィは「ここはパラダイスなんだ……生活という範囲ではあるが」と語った。彼が物件を購入したのは1976年だが、この記事が世に出たのはその数年後で、屋敷と敷地の工事はまだ進行中だった。屋敷には細部からジバンシィのセンスが発揮されていた。ダイニングルームには「中国官吏の結婚式」が描かれた18世紀の中国製の壁紙がかけられ、来客用の寝室はコットンプリント地で仕上げられていた。ジバンシィによると、彼の母が室内でファブリックを見せびらかしたがったようだ。ジバンシィ自身は、花、葉、樹木の形を描いたコットンプリント布の「ツリー・オブ・ライフ」に大枚をはたき、ベッド、天蓋、壁、いすを飾っていた。スタジオの内装は未完成だったが、ミロの絵が飾られているのが見えた。庭もまだ工事中の状態で紹介され、鉢入りの若木がパルテールで渦巻状に置かれていた。前庭で腰かけて、屋敷を背景に撮影された屋敷の主はヴォーグに次のように語った。「わたしにとってはこれこそが"la belle France（美しきフランス）"なのだ」。

サン＝ジャン＝カップ＝フェラにて、映画『ザ・コメディアンズ』撮影中の休日にトランプゲームのジン・ラミーに興じるリチャード・バートンとエリザベス・テイラー。（写真＝ヘンリー・クラーク、1967年）テイラーはジバンシィ・ブティックのピンクのカフタンを着て、ソファに丸くなって寝そべっている。

次ページ　1970年、ジバンシィのパリのアパルトマンでノーマン・パーキンソンが撮影。ジバンシィが自分なりのオートクチュールへの投資例を提案している。撮影時の衣装は、ボートネックのプリント入りシルクのシフトドレス。そでに非常に長いフリンジがついている。

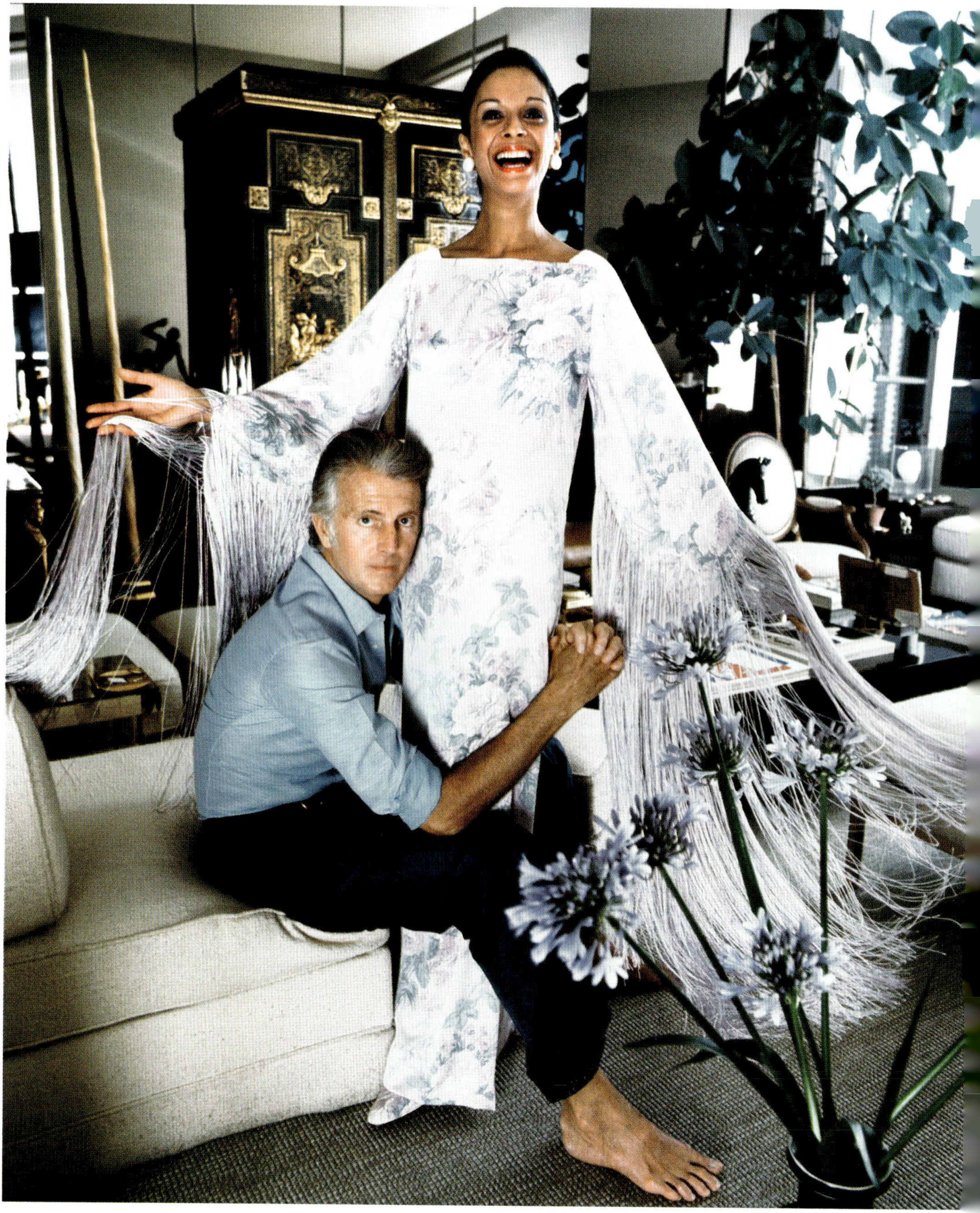

'単にワンシーズンで終らず、延々と続くオートクチュールは投資だ。オートクチュールは決して古くはならないのだから'

ユベール・ド・ジバンシィ

' わたしは夢を追っている '
ユベール・ド・ジバンシィ

成功とその裏側

1960年代後期以降、デザイナーとして活躍しているあいだはずっと、ジバンシィはさまざまな賞を受賞し、称賛を浴び続けた。なかでも特筆すべきものとしては、1978年に同輩たちから授与されただれもが憧れるゴールド・シンブル賞、オートクチュールにおける功績を讃えて指名された「1979年パーソナリティ・オブ・ザ・イヤー」、1980年にそのひとりとして選出された世界の男性ベストドレッサー、1983年に授章したレジオンドヌール勲章（シュバリエ：騎士）がある。

1987年、ヴォーグ・パリは「ジバンシィが初めてそのプライベートな美術館を公開」と題した記事でジバンシィへの称賛をさらに高めた。グルネル通りにある18世紀築のジバンシィの自邸でスノードンが撮影したインテリア写真の数々により、クラシックなフレンチ・エレガンス様式の建物内に飾られたブール細工の家具、ブロンズ製品、芸術作品などが公開されたのだ。「わたしの夢は17-18世紀の家具や現代美術を買うことだ」。ジバンシィは美術誌『アポロ』のインタビューにこう答えている。「買える範囲で一番よいものを少しずつ買い集めているが、専門家の意見を聞いたことはない」。ジバンシィによると、若いときは存命の偉大な美術品収集家たちのインテリアや家具に親しむことで審美眼を鍛え、ゆっくりとではあるが、彼らに受けいれられるようになっていったという。「色々なものを見て歩いた。ありとあらゆるスタイルと伝統をとことん見てまわることで、自分がなにが好きで、なにが嫌いかを自覚していったのだ」。

金色の鏡板（壁板）がはりめぐらされた大広間に飾られている品々にはジバンシィが語った意志が反映されていた。「わたしは、モノとモノとの自然なつながりを見いだそうと努めている」。記事の写真からわかることは、家具や美術品の配置は、フォーマルなスタイルを保っていれば快適なくつろいだムードになるということだ。記事中でスポットを当てられた装飾品には、見事なブール細工の戸棚があった。黒檀と真鍮、べっこうで作られ、金銅で装飾されたルイ14世調の飾り戸棚で、当時、最高の戸棚職人のひとりとして名を馳せていたエチエンヌ・ルバスールの作である。そのほかには、マニエリスム期の画家であるアーニョロ・ブロンズィーノによる若者たちの絵画数点があり、金の枠で縁どりされた鏡に映っている光景が撮影された。一方で、ジョルジュ・ブラックの絵のようなタペストリーのいすカバーがモダンさを放っていた。記事中では、布ばりのいすの花の刺繡はクチュリエの母が行ったものであるとか、小さなテディベアの「ユーベア」は、ジバンシィ作の白いコートでおしゃれをしていたとか（オリジナルのコートはバレンシアガからプレゼントされたものだと言わ

1987年、左岸の自宅にて、入手したルイ十四世調ピラスターの脇に立つジバンシィ。それまでクチュリエが未公開にしていたブール細工の家具、絵画、美術品のコレクションにフォーカスしたスノードンの写真を掲載したイギリス版ヴォーグより。

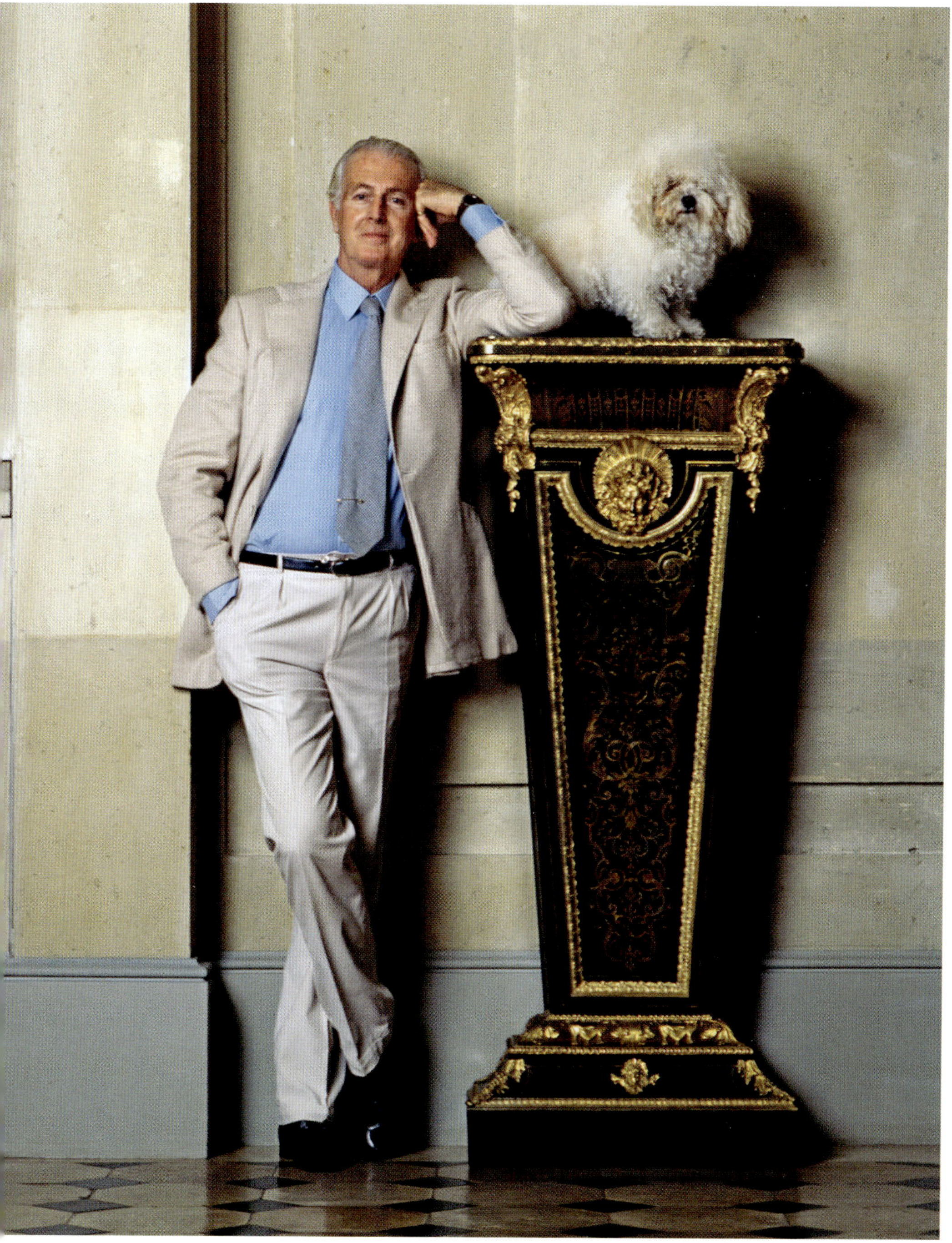

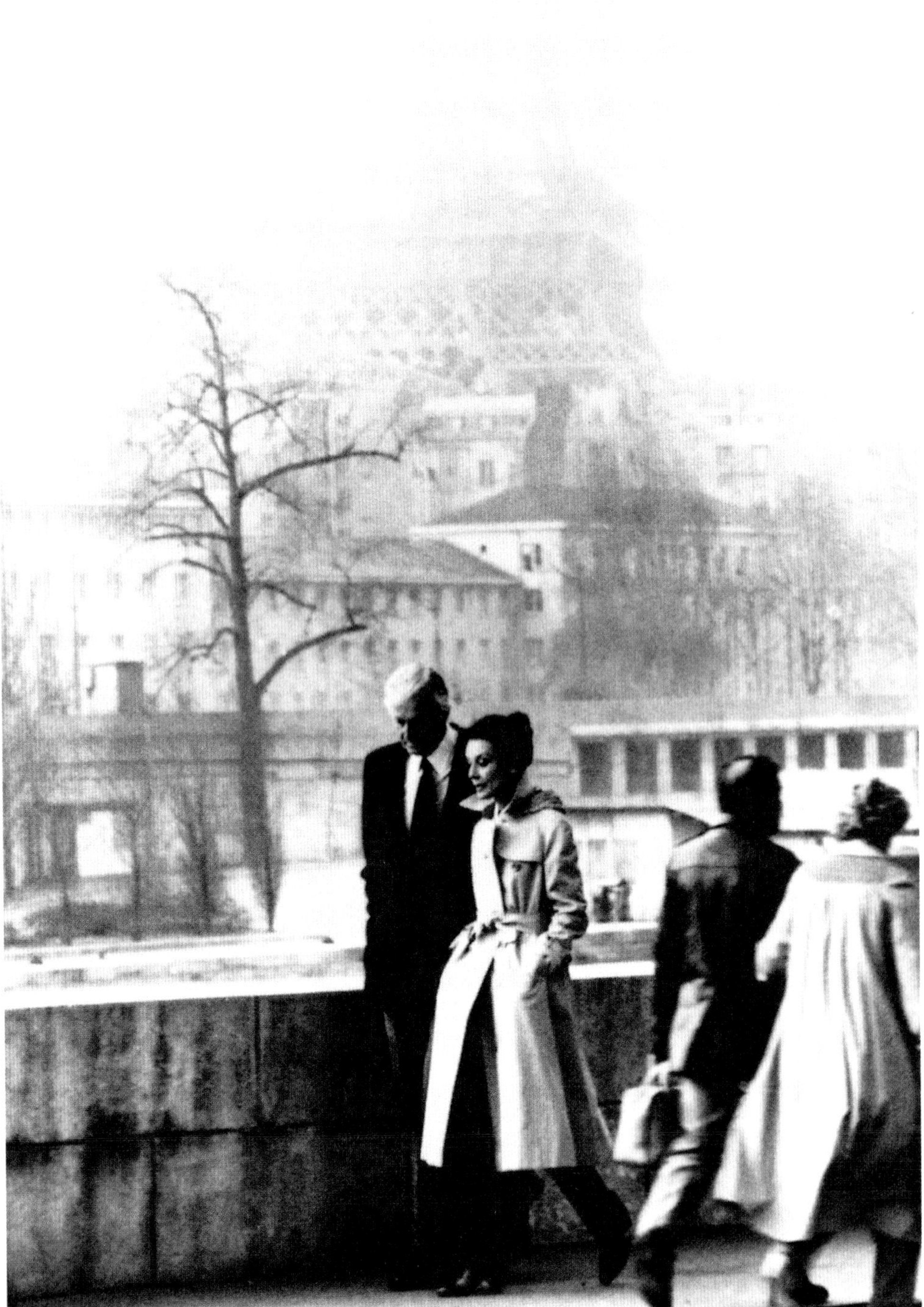

旧友どうし：散歩中のジバンシィとヘップバーン。ヘップバーンは実用的であると同時にエレガントなコートを完璧に着こなしている。

次ページ　ジバンシィによる大胆なブラックシルク・ジャージーのイブニングドレスを着るジェリー・ホール。前後の身ごろが金の刺繡入りの皮細工でつなぎ合わされたむこうに素肌が見える。1975年にノーマン・パーキンソンがイギリス版ヴォーグのために撮影。

れている）、個人的な思いいれがこもった特別な品々も紹介された。ジバンシィ自身は玄関にあるブール細工のルイ十四世調ピラスター（壁面より浮き出した装飾用の柱）のそばに上機嫌そうに立っている姿が撮影されている。ピラスター上では2匹いるペット犬のうちのウィンディがカメラに向かってポーズをとっていた。

翌年、ジバンシィは春夏オートクチュール・コレクションをオードリー・ヘップバーンに捧げた。そのデザインのひとつであるミニドレスには全体にポピーの花びらが散りばめられていた。この年ヘップバーンは、1993年に亡くなる前の最後の公式な仕事となる慈善団体ユニセフへの支援活動を開始した。そこで、募金活動のための公式行事に参加する際のヘップバーンの衣装をジバンシィが再び担当したのであった。1988年11月、ジバンシィは自身のオートクチュール・メゾンを多国籍高級商品コングロマリットのLVMH（Louis Vuitton Moet Hennessy：ルイ・ヴィトン・モエ・ヘネシー）に売却。そのとき筆者は、オートクチュール界でやりたいことをやり尽くしてしまったのか、そして、クリエイティブなエネルギーを使い果たしてしまったのか、という疑問をジバンシィに投げかけた。しかし、そうした懸念は完全に否定された。

'ジバンシィはオードリーと同様な
労働倫理の教えを受けたプロテスタントだ。
このことがふたりの結びつきを強め
ただのクチュリエと顧客以上の関係を築かせたのだ。
プラトニックな恋愛関係にあったといってもよい'

アレキサンダー・ウォーカー

'完璧さとは、モデルが素敵に着こなす美しいドレスにそなわっているわけではない。顧客に自分なりの装いをしてもらおうと仕立てられるドレスにそなわるのだ'

ユベール・ド・ジバンシィ

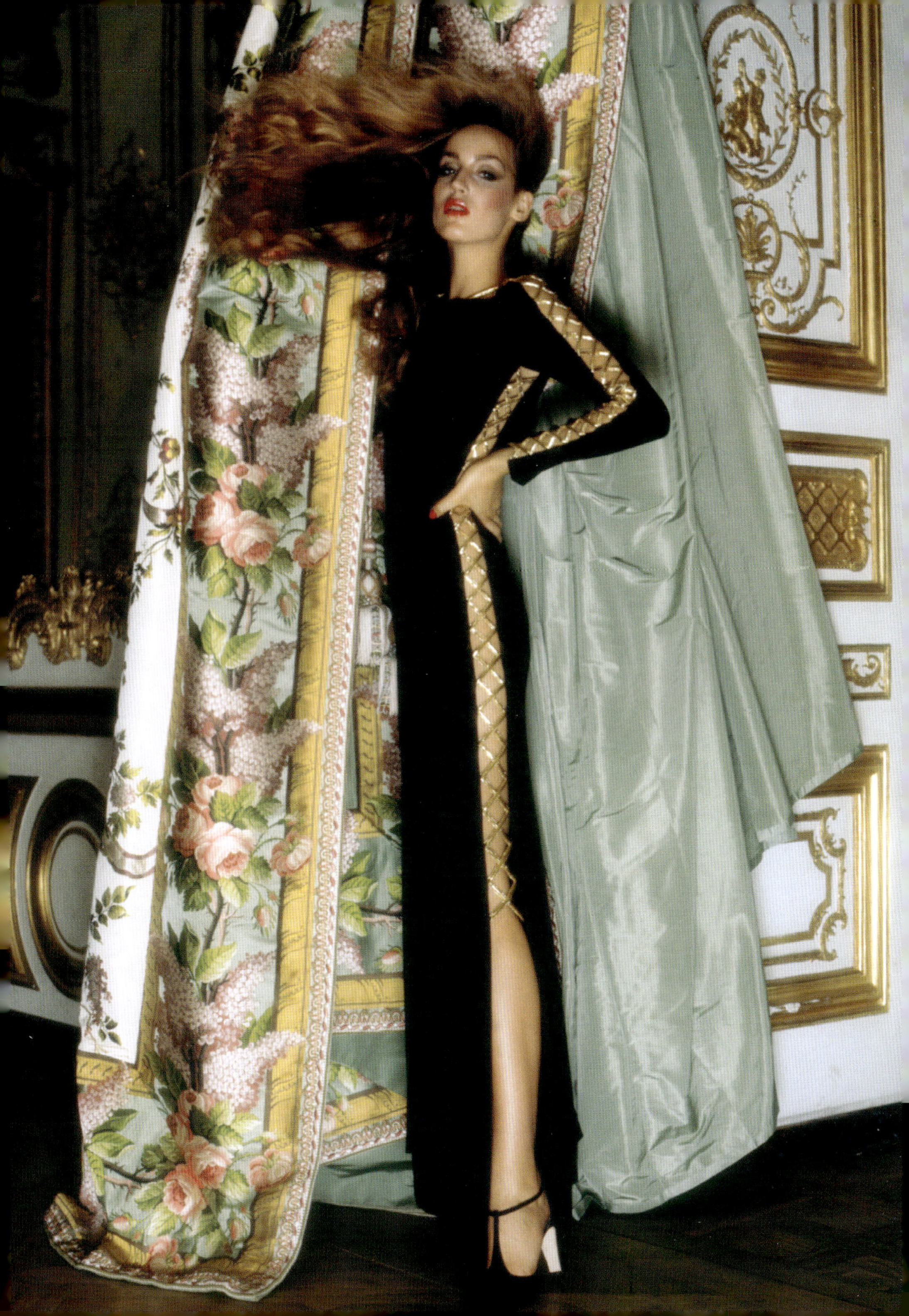

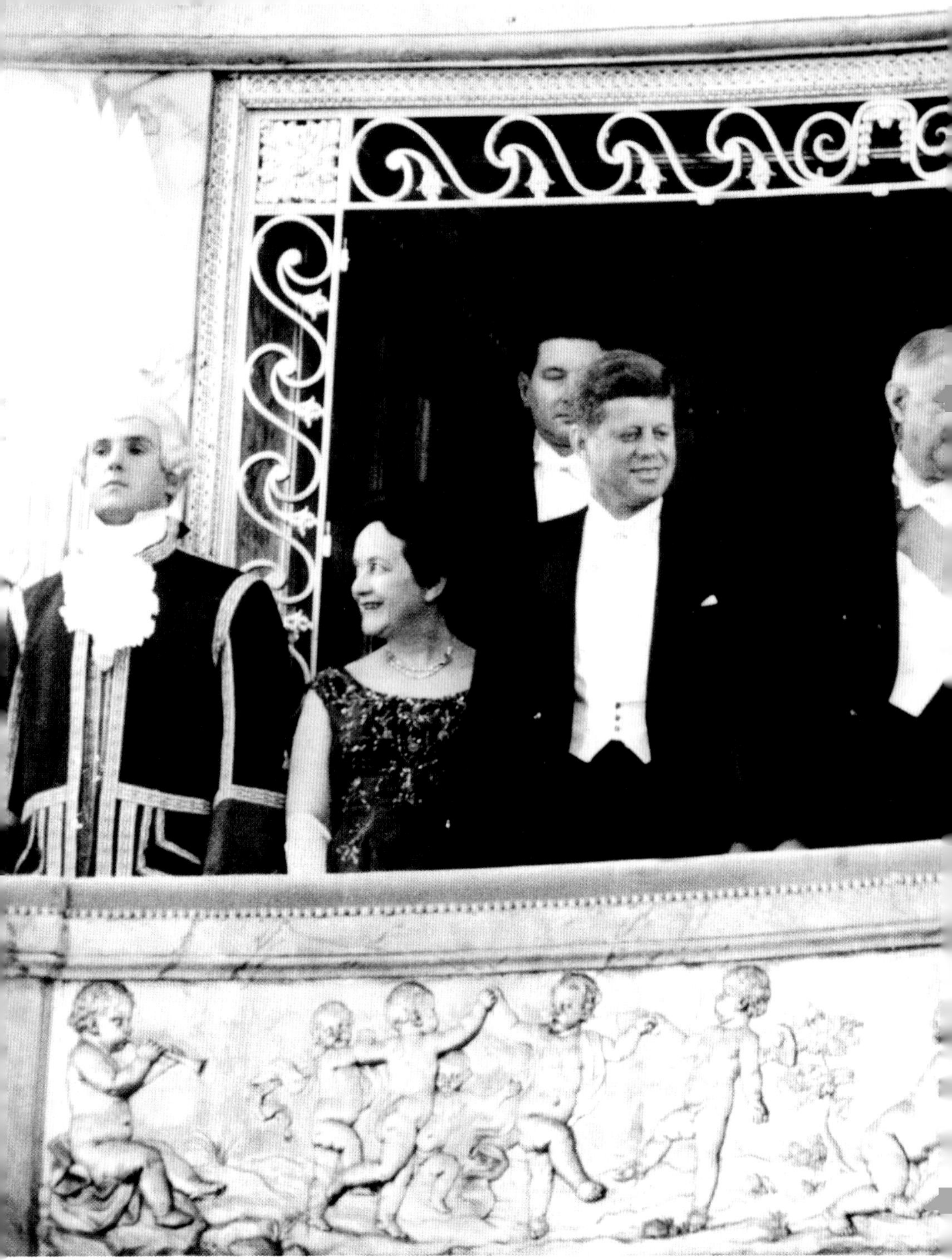

'マダム、今宵の
貴女はヴァトーの
絵画のようだ'
　ド・ゴール将軍

1961年6月、ケネディ家を讃える
晩餐会でベルサイユ宮殿の
バルコニーに家族と並ぶ
ジャクリーン・ケネディ。
ジャクリーンが着る刺繍入りの
プリンセスドレスは、
この日のためにジバンシィが
特別に仕立てたもの。

「ファッション界から退くつもりはまったくない」とジバンシィ。「LVMHグループの代表、レカミエ氏が多大な関心を持ってくれたことから、この重要なグループと完全なつながりを持てば、ジバンシィのオートクチュール、プレタポルテ、パフュームを大いに発展させられるだろうと考えてのことだ」。その後、香水の新製品「アマリージュ」が発売され、事業へのさらなる投資が行われた。

　ジバンシィの評判が絶頂を極めた証となったのが、1991年にモードと衣装の博物館（ガリエラ宮）で開催された回顧展「ジバンシィ：創造の40年間」だった。その展覧会図録では、ヴォーグで活躍する写真家たちがジバンシィを記念する写真をそろえるために召集された。シュミーズ・ドレス、リトルブラックドレス、ショートパンツ、ケープ、イブニング用デコルテなど、ジバンシィを代表するデザインが、デヴィッド・ベイリー、ヘンリー・クラーク、ウィリアム・クライン、ノーマン・パーキンソン、アーヴィング・ペン、バート・スターンをはじめとするトップ・フォトグラファーらにより写真で再現されたのだ。ルネ・グリュオーはポスター画風の黒の大胆な筆さばきで、ベッティナ・ブラウスを生き生きと表紙に描いた。ヴォーグの元編集者たちと博物館のキュレーター長も文章を寄稿した。有名モデルは、ベッティナ、キャプシーヌ、ジェリー・ホール、スージー・パーカー、ジャッキーなどが登場した。ジバンシィの住居である「ル・ジョンシェ」城のファサードの写真と、インテリアのイラストも紹介され、ヴォーグがとらえていたファッションとは異なる領域におけるジバンシィの創造性の高さがここでも示された。図録の中心的テーマはオードリー・ヘップバーンで、映画の登場人物と、クチュリエのファッション・モデルとしての両方の役割が解説された。ヘップバーン自身も友人であるジバンシィに向けた詩を寄稿。ジバンシィの友情、ユーモア、温かさ、寛大さを表現した詩であった。彼女の称賛は次の一節にも表れている。

　'ユベールはたぶん…
　　愛するものすべてを持ってはいないのだろうけれど
　　持っているものすべてを愛している'

　本書に記した仕事と生活をめぐるジバンシィの体験は、つねに前進し上昇しているように読めるかもしれない。しかし、その仕事史にはヴォーグも詳細を伝えきれていないような社会的後退もかなりあった。たとえば1954年、ビリー・ワイルダー監督による映画『麗しのサブリナ』のオードリー・ヘップバーンの衣装をジバンシィが担当したものの、当然表示されるべきクレジットがスクリーンから排除されていた。この映画はアカデミー衣裳デザイン賞を受賞したが、パラマウント社の衣装デ

ザインを仕切っていたイーディス・ヘッドがひとりでそれを受けとり、スピーチでジバンシィへの感謝を述べることすらしなかったのだ。イーディス・ヘッドの伝記を著したジェイ・ジョルゲンソンはこう記している。「このことが、製作スタジオの純粋な政治的思惑と自身の立場を守ろうとするイーディスの欲求からどのくらいの影響を受けていたのかは分からない」。この映画を実質的に象徴するといえる衣装はジバンシィがデザインした2着だ。ひとつは、輝くように美しい花柄入りの白い舞踏会用ドレス。ビスチェにくるぶし丈のロングスカート、そして、このスタイルを特徴づけた、ふわっとふくらんだオーバースカートで構成されている。オーバースカートはサイドにひだがよせられ、バッスル上をトレーンへと流れていた。しかしさらに大きな話題を呼んだのは、もうひとつの黒いカクテルドレスだった。このデザインはヘップバーンの特別なニーズに応えて着想されたもので、両肩に小さな蝶結びのリボンがつき、ヘップバーンが気にしていた鎖骨のうしろのくぼみがボートネックでていねいに隠されていた。いずれの衣装もサブリナ・ドレスとサブリナ・デコルテとして有名になり、衣料メーカーがこぞってまねをし、その写真も数え切れないほど複製された。ジバンシィはイーディス・ヘッドの死後に初めて、このブラックドレスをデザインしたのは自分であり、パラマウント社のヘッドの指導のもとで製作したのだということを公表した。問題が起こった当時、ジバンシィはこのことを映画会社に連絡していなかった。『麗しのサブリナ』の一件はジバンシィがサロンをオープンしてまだ2年目の出来事だったが、何らかの手がさしのべられていれば駆けだしの彼にとってかなりの助けになったことだろう。

1961年、ジバンシィのブランドを輝かせた得意客であるジャクリーン・ケネディが、ファーストレディとしてフランスの服を着ることはもうないだろうと発表したことがアメリカでトップニュースになった。ジャクリーン・ケネディの伝記を著したサラ・ブラッドフォードによると「彼女のお気に入りのデザイナーはもちろん、ジバンシィやバレンシアガだった。(中略)1952年にジバンシィに出会って以来、彼女は結婚後も得意客であり続けた。(中略)ジャクリーンの一番のお気に入りは、オードリー・ヘップバーンが着ていたようなノースリーブのAライン・ドレスだ」。ヨーロッパのデザイナーを好むジャクリーンのこうしたファッション上の嗜好に対しアメリカのマスコミから強い非難が殺到したのだ。公式発表によって抗議の声はおさまったものの、有名ジャーナリストのなかにはまだ懐疑的なものもいた。後日談によると、ジャクリーン・ケネディは、ジバンシィとのつながりはなんとか保ったが、お忍びの利用になってしまったため以前ほど活発には交流できなかったようである。

次ページ 『麗しのサブリナ』で演じたサブリナに扮して撮影されるオードリー・ヘップバーン。衣装を担当したのはジバンシィ。

'オードリーの
　服の着こなしは
　ほんとうに優雅だ…
　彼女のシックさと
　シルエットは
　ますます有名になり
　願ったこともないほどの
　光でわたしを包んだ'

ユベール・ド・ジバンシィ

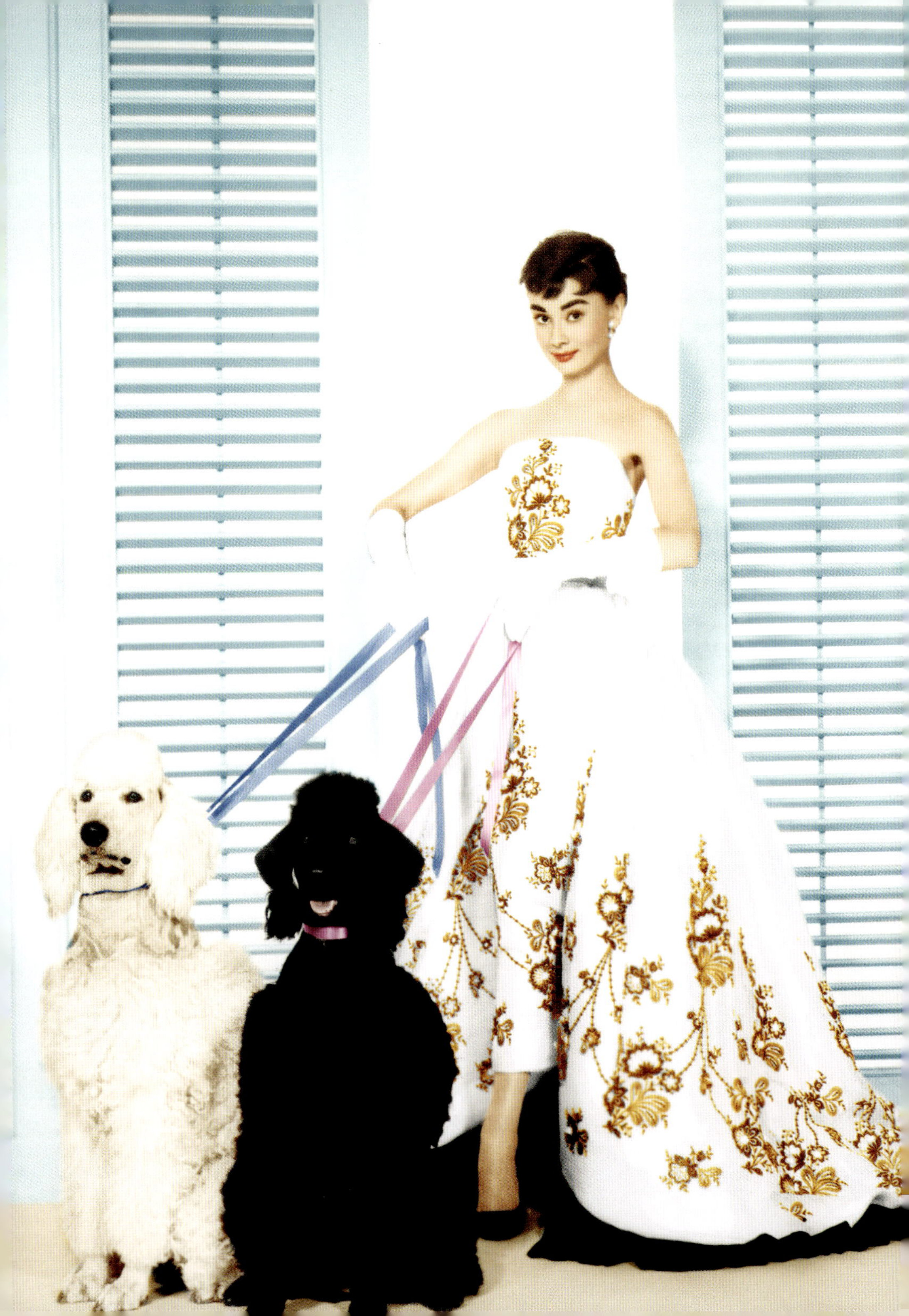

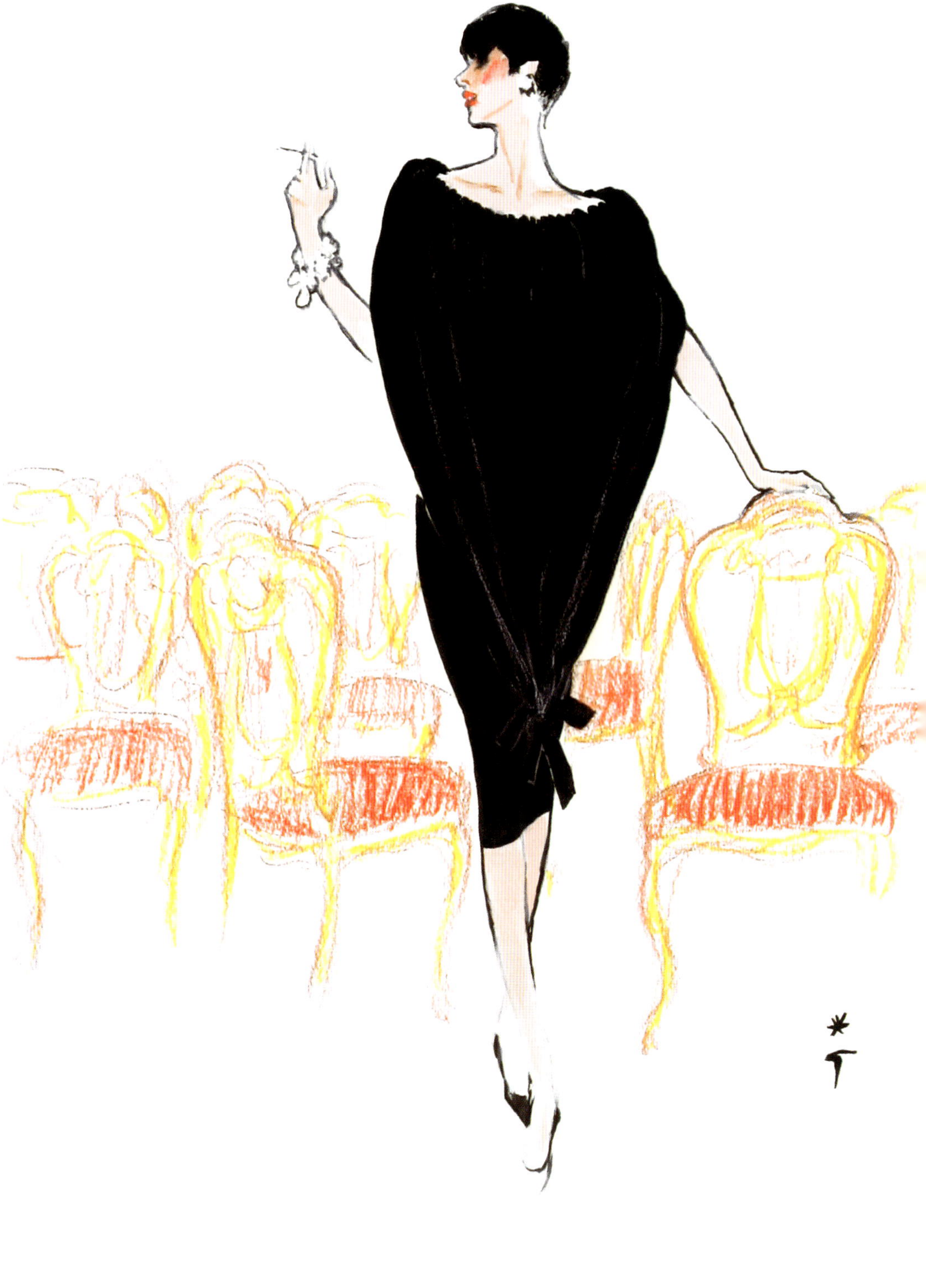

しかし、この禁止命令が出された同年にケネディ家のフランス公式訪問があったおかげで、一時的な免除期間もあった。招待国のフランスに賛辞を贈るため、ジャクリーン・ケネディがジバンシィを公式に着ることが許されたのだ。とはいっても、フランスのメゾンがデザインした服をジャクリーンが着るというニュースはギリギリまで口外しないよう、ジバンシィは口止めされていた。ブラッドフォードによると、この親善旅行の衣装を用意するようにジバンシィに注文したのも第三者だったという。このときジバンシィがジャクリーンのために仕立てたのは、ウールのピンク・ドレスと、ベルサイユ宮殿でケネディ家を讃えて催される重要な晩餐会のためのロング・イブニングドレスとオペラコートだった。イブニングドレスはジャクリーンの妹、リー・ラジヴィルが選び、個性がでるようパリでアレンジが加えられた。この衣装の効果により、ジャクリーンは歴史あるフランス文化への尊敬を表しながら若さと魅力をアピールすることができた。ジャクリーンが18世紀フランスの装飾美術を大変に好んでいることは、アイヴォリー色のシルク・ジベリン地のぴったりしたノースリーブ・ボディスにスズランや薔薇などの刺繍柄をちりばめることで表現された。ジャクリーン・ケネディは、ド・ゴール将軍から「マダム、今宵の貴女はアントワーヌ・ヴァトーの絵画のようだ」と言われたとジバンシィに伝えている。18世紀フランスで活躍した画家の絵に登場する美しい衣装にたとえられたのだ。ヴォーグに掲載されたベルサイユ宮殿のバルコニーに立つジャクリーン・ケネディの公式写真で、彼女は白いネクタイをしたペンギンたちに囲まれた妖精の女王のようだったといっても過言ではない。

ルネ・グリュオーがジバンシィを回顧して描いた1955年のコレクションのウールクレープのサック（シュミーズ）ドレス。1995年のヴォーグ・パリに、クチュリエへのオマージュとして「パリのエレガンスの父のひとり」というコメントとともに掲載された。

1995年9月、ジバンシィはジバンシィ・メゾンから正式に身を引いた。最後のコレクションで彼は神聖な白いコートを着て、みなに別れを告げた。そして「着るものがないために古くからのお得意様が離れていってしまわないように」エレガントなコレクションを作ったのだと、観客に悪戯っぽくコメントしている。しかしルイユ・ド・ヴォーグは、同業者やプライベートな顧客たちの目が涙でいっぱいになっていたことを記録している。ヴォーグ・パリもこの瞬間をとらえ、1995年7月に見開きページをジバンシィのために割き、過去のコレクションの傑作デザインを描いたルネ・グリュオーのイラストを掲載している。

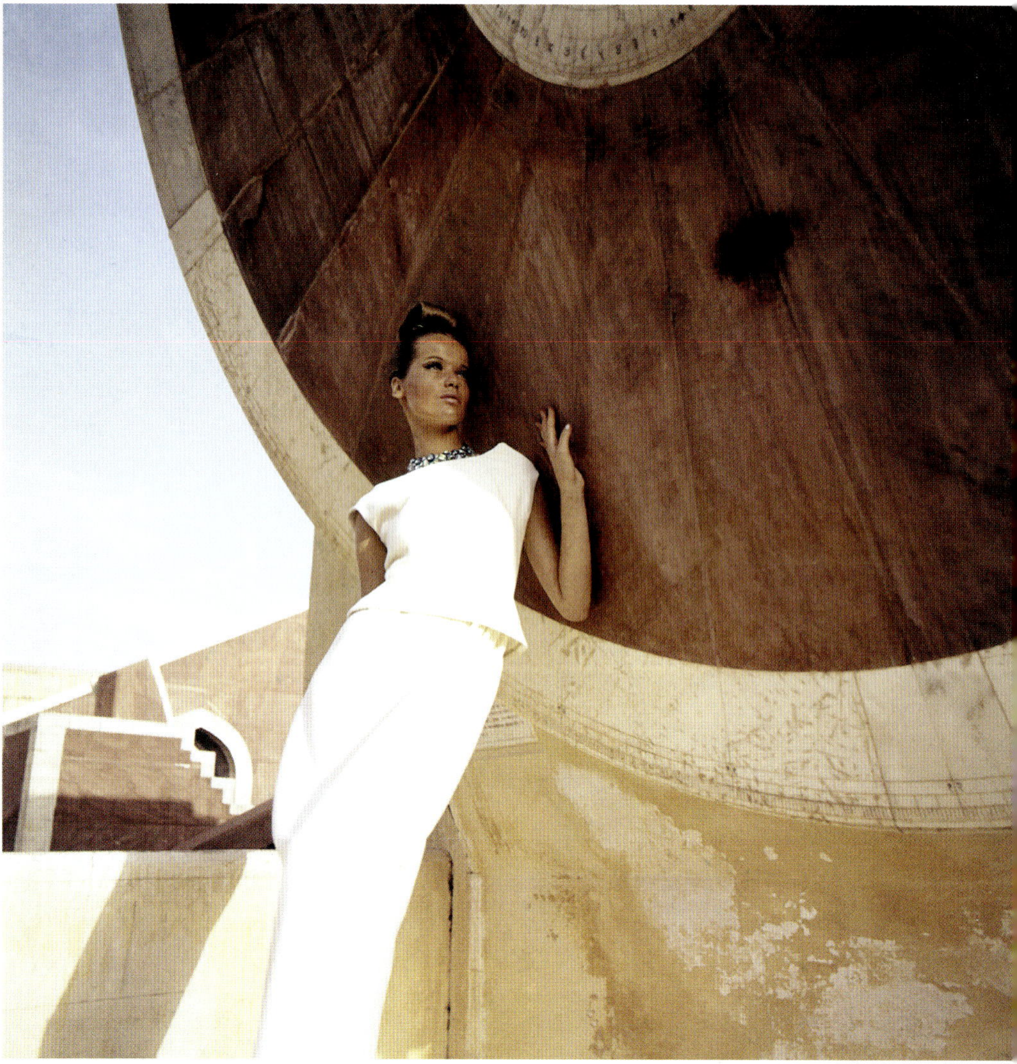

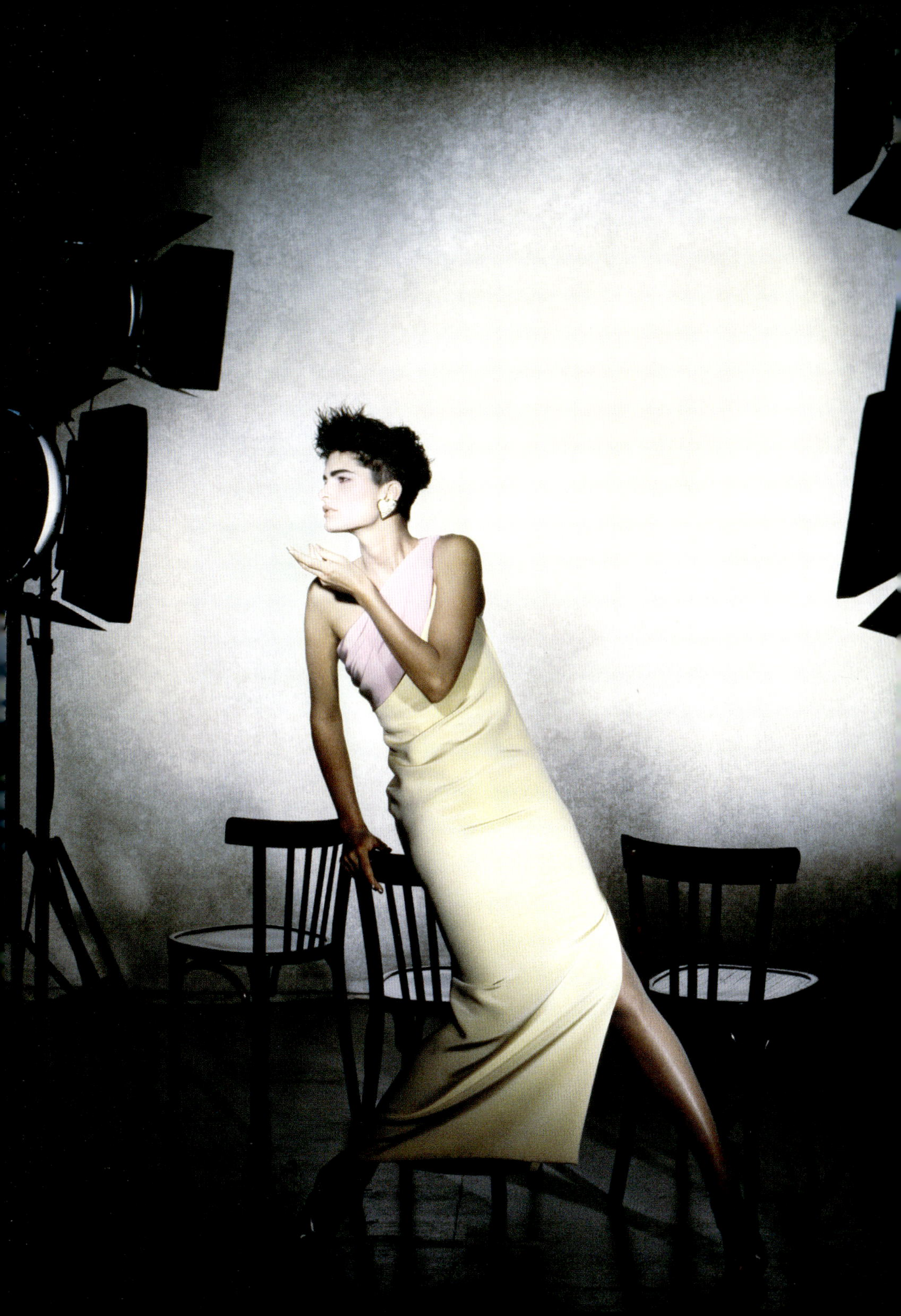

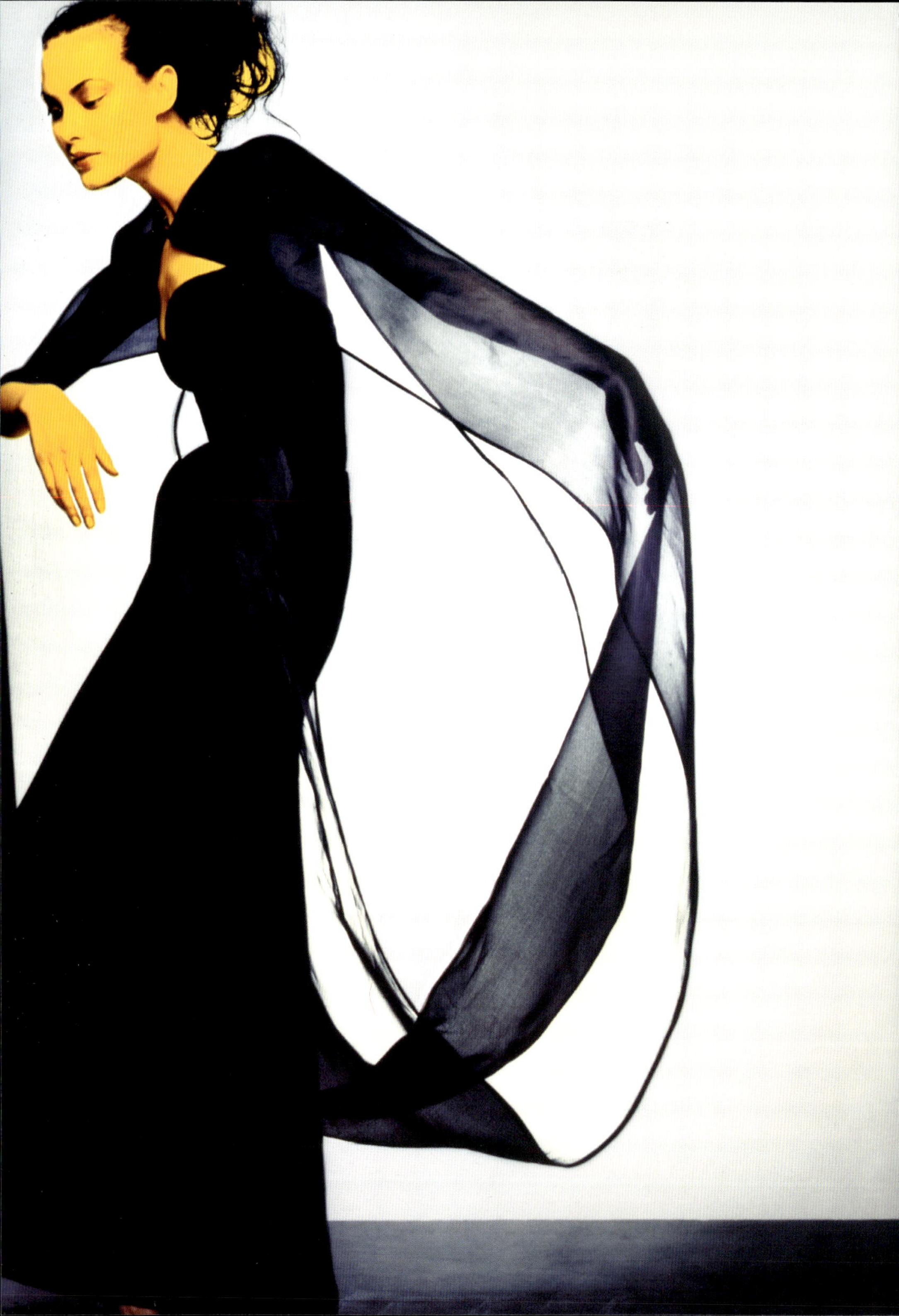

イギリス版ヴォーグに掲載された
ユベール・ド・ジバンシィによる
デザインの最後の写真。
1995年秋の引退コレクションの作品だ。
ニック・ナイトが撮影した
このブラック・ベルベットとオーガンザの
イブニング・アンサンブルは
ジバンシィ・スタイルの代表作といえる。

前ページ
1960年代にスーパーモデルとして活躍し、
有名なファッション・アイコンでもあった
ヴェルーシュカがジバンシィの
2ピース・デザインで装っている(左)。
1964年にヘンリー・クラークが
アメリカ版ヴォーグの記事のために
ジャイプールの天文台で撮影。
ジバンシィによる片方の肩だけを出した
バン地とプレーンなシルククレープ地の
ロングドレス(右)。
イギリス版ヴォーグのコメントは
「控えめにしたおかげで素敵になった
クロッカス・カラー」。
(写真=ピーター・リンドバーグ、1985年)

この時グリュオーが描いたデザインには次のものがあった。1953年のコレクションより、モアレ入りの黒いイブニングドレス。膝下丈のフルスカートが大きく広がり、ウェストがきれいにくびれ、大きく開いたデコルテをバーサ・カラーでカバーしたもの。次に1955年のブラックウールクレープ地のサック(シュミーズ)ドレス。そして、最後のショーに登場した全身丈のロング・イブニングドレス。白と黒が垂直に二分された2色柄のシルククレープ地で、ウェスト部に金色のスパンコール刺繍飾り入りの蝶結びのリボンが数本飾られたもの。これらのイラストに添えられたのが、グリュオーがスケッチしたジバンシィの全身像であった。

ユベール・ド・ジバンシィによるデザインを最後に撮影したのはニック・ナイトであり、その写真はイギリス版ヴォーグに掲載された。ふわっとしたオーガンザ・ケープつきのブラックベルベット地の整形イブニングドレスだった。1950年代中盤にデザインされた作品をほうふつとさせるこのドレスには、オートクチュールの不変性に対するジバンシィの思想がはっきりとこめられている。筆者はかつて、仕事に対する将来の展望についてジバンシィにたずねたことがある。そのとき彼はこう答えた。「わたしが知る真のオートクチュールはすでに終わっている。それに代わるものがなにかは分からないが、変化は起こっている。その未来の変化に合ったスタイルを見つけだすのは、新しいデザイナーたちであることは明らかだ。もしオートクチュールをやり直せといわれても、高級既製服を手がけることになるだろう…。しかしそのためには、方向づけがしっかりした非常に強固な組織が必要になる」。

ジバンシィの過去を振り返って見えてくるのは、クチュリエになるという子どものころの夢が実現され、その仕事においては師であるバレンシアガの原則を順守し、自身のデザインにより多数の女性たちを幸せにしてきたということだ。そして、最善の努力を払い続けることにより、パリ・オートクチュールの黄金期にエレガンスとスタイルの第一人者として名を馳せるようになったということも。そのすべての秘密は、彼のクリエイティビティに隠されていそうだ。2010年にオックスフォード大学ユニオンで学生たちに対し講演を行ったとき、ジバンシィはその答えともいえそうな発言をしている。彼は「きみたちは蝶のようなもの。どんな瞬間にも感度をよくしておく必要がある」と陽気にアンテナのまねをしながら「どんな瞬間にも注意を払い、なにかを見つけるんだ」と若者たちに語りかけた。筆者が本書の冒頭で指摘した彼の「観察眼」は、彼の人生においてどうやら大きな役割を果たしたようだ。

VOGUE ON ユベール・ド・ジバンシィ

索引

イタリックの数字は写真とイラストレーションを指す。

LVMH（Louis Vuitton Moet Hennessy：ルイ・ヴィトン・モエ・ヘネシー） 141
R・J・カピュイ 34

あ
アニマル・プリント 78, *80*, 81
アマリージュ 146
アル・ブーレ *10*
アルベルト・ピント 80
アレキサンダー・ウォーカー 51, 141
アレックス・シャトラン *11*
アンリ・マティス 81
アーウィン・ブルーメンフェルド 47
アーサー・エルゴート 63, *83*
アーヴィング・ペン 63, 78, *111*, 146
　オードリー・ヘップバーン *54*, 56, 61
　ジャンプスーツ *36*, *37*, *93*
アームホール・デザイン 118
イザティス *40*, *41*
イザベル・エベルスタッド 122
イシムロ 76-7
イヴァ・S・V・パセヴィッチ 98
イブ・アーノルド *108*
イヴ・サン=ローラン 89
イングリット・ボウルティング *61*
インテリア装飾 43
イーディス・ヘッド 146-7
ウィリアム・クライン 63, 146
ウェストライン 75, 89, *90*, *91*, 127
麗しのサブリナ（映画） 146-7, *149*
エコール・デ・ボザール 28
エドワード・モリヌー 25
えり 75, 81, 89, 114, *117*
エリオット・アーウィット 65, 66
エリザベス・テイラー 129, *132*
エリック（カール・エリクソン） 20, *21*, 63, *87*
エリック・ボーマン 63, *74*
エルザ・スキャパレリ 8, 25, 28-9, 32
エレーヌ・ブイヨー=ラフォン 19, 119

オードリー・ヘップバーン *1*, *4*, 52-4, 57-9, 61, 63, *105*
　麗しのサブリナ 146-7, *149*
　ジバンシィのミューズとして 51, 56, 88-9, 119, *140*, 141, 146-9
　ティファニーで朝食を 12, *13*, 14, 95
　マイ・フェア・レディ 50, 51, 56
　ランテルディ（香水） 40
オーヴェ（演劇） 129

か
カトリーヌ・ジョワン=ディエテルル 44, 79, 81, 84, 86
悲しみよこんにちは（映画） 127, *128*
カレン・ラドカイ *39*, *47*, 90
ガザル 81
柄 81
既製服 28-9, 32, 61
キャプシーヌ 19, 20, 88, 129, 146
ギイ・ブルダン 63
グレ 25
グロリア・ギネス 28, 127
グロリア・スワンソン 129
果物のモチーフ 86
クライブ・アロウスミス 33
クリスチャン・ディオール 70, 102
クリスチャン 'べべ' ベラール 8, 81
クリストバル・バレンシアガ 8, 25, 89, 98-119, 155
クリフォード・コフィン 22, 63
ケープ 86, 100-1, 122, 146
香水 40, *41*, 146
ゴールド・シンブル賞 138
コート 86, 114

さ
サタン 70
サビーヌ・ヴァイス 27
サラ・ブラッドフォード 147, 151
サラ・ムーン *60*, 63
シガレーヌ 75
刺繍 86
シャネル 25
シャルル・ド・ゴール将軍 145, 151
シュミーズ・ドレス 113, 127, *128*, 146, *150*, 155

ショート・ドレス *111*, 146
ジェイ・ジョルゲンソン 147
ジェリー・ホール *143*, 146
ジェームズ・ティソ 130
自動車の内装 43
「ジバンシィ30周年回顧展」-ニューヨーク州立ファッション工科大学（1982年） 37
「ジバンシィ：創造の40年間展」-モードと衣装の博物館（ガリエラ宮）、1991年 146
ジバンシィ・ヌーベル・ブティック 29, 32, 58-9, 61
ジバンシィ・メゾン 19-20, 24, 44, 151
ジャクリーン・ケネディ *108*, 109, 119, 122
　フランス・ファッションを好む 19-20, *144-5*, 147, 151
ジャック=アンリ・ラルティーグ 63
ジャック・ファス 24
ジャン・クロード・ジバンシィ（ジバンシィの兄） 24, 40
ジャンヌ・ランバン 24, 25
ジャンプスーツ *36*, *37*, *45*, *92*, *93*
ジュエリー 40, 42
ジュール・バダン 24
ジョアン・ミロ 81, 133
ジョセフィン・ベーカー 8
ジョルジュ・ブラック 81, 102
ジョン・カウアン *131*
ジョン・F・ケネディ 20
ジョン・ローリングス *15*
ジョージ・ハレル 80
ジーン・シュリンプトン *45*, 63, 106-7
ジーン・セバーグ 129
すそ 89, *91*
スノードン（アンソニー・アームストロング=ジョーンズ） 138, *139*
スーザン・トレイン 14, 20, 35
スージー・パーカー 19, 146
スーツ 26-7, *62*, 65, 114
セシル・ビートン 50, 56, 63, *105*
セパレート 19-20, 24, 75
セリア・ベルタン 88
そで 118
ソフィア・ローレン 129

た

ダイアナ・ヴリーランド　129
ダイアナ・ヴリーランド伝説の
　ファッショニスタ(映画)　129
タバード　72, 75
チュニック　75
ティファニーで朝食を(映画)　12, 13,
　14, 95
デヴィッド・シーモア　4
デヴィッド・ニーヴン　127, 128
デヴィッド・ベイリー　66, 67, 91, 94,
　146
ジーン・シュリンプトン　45, 63,
　106-7
デボラ・カー　127, 128
デボラ・ターバビル　63
鳥たちの舞踏会(Bal des Oiseaux)
　パリ(1948年)　8
ドレス　16, 39, 60, 95
　シュミーズ　113, 127, 128, 146,
　　150, 155
　ショート　111, 146
　ベビードール　70, 71, 112, 114
　リトルブラック　12, 13, 14, 46, 95,
　　146
ドロレス・ギネス　122, 124, 126,
　127

な

ニック・ナイト　154, 155
日産　43
ノーマン・パーキンソン　63, 133,
　134, 143, 146

は

花のモチーフ　86
ハミッシュ・バウエルズ　98, 113
バリー・レートガン　63, 72
バート・スターン　63, 73, 146
　オードリー・ヘップバーン　1, 50,
　　51, 52-3, 57
「国際的な美女たち」　122, 123,
　126
パトリシア・ロペス・ウィルショー　28,
　98
パトリック・デマルシェリエ　42, 63,
　115
パフューム・ジバンシィ　40, 41, 146
パブロ・ピカソ　102, 130
パリ万国博覧会(1937年)　24-5
ヒルトン・ホテル(ブリュッセル)　43
ピーター・リンドバーグ　85
フィオナ・キャンベル=ウォルター
　127

フィオナ・ティッセン男爵夫人　122,
　123, 127
フェルナン・レジェ　117
フォシニ=リュサンジュ家皇太子
　ジャン=ルイ　8
フランク・ホルバート　63
フランチェスコ・スカヴロ　63
フレデリカ・フォン・シュターデ　129
ヴェルーシュカ　152-3
ブカル　73, 75
ブルース・ウェーバー　3, 63
ブレイク・エドワーズ　13
プリント　81, 82-3, 86, 87
ヘルムート・ニュートン　63
ヘンリー・クラーク　63, 82, 100-1,
　103, 146, 152-3
　映画スターとジバンシィの得意客
　　58-9, 61, 120, 122, 124, 132
ジャンパースーツ　26
ベビードール・ファッション　71,
　112
ロング・リーン・ドレス　16, 17
ベアトリス'シシー'バダン　24
ベッティーナ・グラツィアーニ　18, 19,
　20, 119, 146
ベッティーナ・ブラウス　18, 20, 146
ベビードール・ファッション　70, 71,
　112, 114
ベリー・ベレンソン　32
ベルナール・ビュフェ　71
ヘーベ・ドルセイ　92
ホルスト・P・ホルスト　63, 95
帽子　22, 24, 47, 103

ま

マイ・フェア・レディ　51, 56, 61
マダム・ジルベール　109
マドレーヌ・ヴィオネ　25
マリオ・テスティモ　66
マリサ・ベレンソン　32
マリー=ジョゼ・レピカール　38, 64,
　102, 118
マレーネ・ディートリッヒ　28, 129
マーク・ロスコ　81

や

野菜のモチーフ　86, 87
ユベール・ド・ジバンシィ　4, 9, 41,
　131, 134, 139
　アメリカでの成功　37, 40
　映画と演劇のためのデザイン　14,
　　127, 128, 129
　オートクチュール　8, 16, 70, 88,
　　133, 135, 155

オートクチュール・メゾンをLVMH
　に売却　141, 146
既製服　28-9, 32, 61
グルネル通りの家　138, 139, 141
師としてのバレンシアガ　25,
　98-119, 155
写真家　63, 66
賞　138
シルエット　70, 75, 89
ジバンシィ・メゾンの設立　19-20
若年期　8, 24-5, 44
女性をより美しく見せる　16
スキャパレリ　28-9
スタイル　14, 16, 70-95
セパレート　19-20, 24, 75
得意客　119-22
パフューム・ジバンシィ　40, 41
ファス　28
ファッション・スケッチ　28, 30-1
ファブリックの使い方　14, 20, 44,
　70, 75, 81, 92
他から受けた影響　70, 98-135
ミューズとしてのヘップバーン
　51, 56, 88-9, 119, 140, 141,
　146-8, 149
メゾン専属モデル　119

ら

「ライフスタイル・ジバンシィ」
　(1969年)　130, 131
ラウル・デュフィ　81
ランテルディ　40
リチャード・アヴェドン　63
リチャード・バートン　132
リュシアン・ルロン　28
リンカーン・コンチネンタル・マークV
　43
リー・ラジヴィル王女　120, 122, 151
ルシアン・マルキ・ド・ジバンシィ
　(ジバンシィの父)　24
ルネ・グリュオー　18, 46, 113, 146,
　150, 151, 155
ルネ・ブーシュ　62, 63
ルネー嬢　25
レサージュ　67, 124
レスリー・キャロン　129
ロバート・ライリー　25, 37
ロベール・ピゲ　28
ローレン・ハットン　61
ローレン・バコール　129

参考文献

America's Queen: The Life of Jacqueline Kennedy Onassis by Sarah Bradford, Penguin Books, 2001
Audrey: Her Real Story by Alexander Walker, Weidenfeld & Nicolson, 1994
Cristóbal Balenciaga: The Making of a Master (1895-1936) by Miren Arzalluz, V&A Publishing, 2011
Edith Head: The Fifty-Year Career of Hollywood's Greatest Costume Designer by Jay Jorgensen, Running Press, 2010
Empress of Fashion: Diana Vreeland by Amanda Mackenzie Stuart, Harper, 2012
Givenchy: Forty Years of Creation by Catherine Join-Diéterle, Paris-Musées, 1991
Givenchy: Thirty Years by Robert Riley, 1979
Hollywood Costume by Deborah Nadoolman Landis, V&A Publishing. Jacqueline Kennedy: The White House Years by Hamish Bowles, Bulfinch, 2001
Paris à la Mode: A Voyage of Discovery by Célia Bertin, Victor Gollancz, 1956
Paris After the Liberation 1944-1949 by Antony Beevor and Artemis Cooper, Penguin Books, 2004
The Golden Age of Couture: Paris and London 1947-57, edited by Claire Wilcox, V&A Publishing, 2008
The Restless Years: 1955-63 by Cecil Beaton, Weidenfeld & Nicolson, 1976

Publishing Director Jane O'Shea
Creative Director Helen Lewis
Series Editor Sarah Mitchell
Designer Nicola Ellis
Assistant Editor Romilly Morgan
Production Director Vincent Smith
Production Controller Leonie Kellman

For *Vogue*:
Commissioning Editor Harriet Wilson
Picture Researcher Frith Carlisle

First published in 2013 by
Quadrille Publishing Limited
Alhambra House
27–31 Charing Cross Road
London WC2H 0LS
www.quadrille.co.uk

Text copyright © 2013 Condé Nast Publications Limited Vogue Regd TM is owned
by the Condé Nast Publications Ltd and is used under licence from it.
All rights reserved.
Design and Layout © 2013 Quadrille Publishing Limited.

All rights reserved. No part of this book may be reproduced, stored in a retrieval system or transmitted in any form or by any means, electronic, electrostatic, magnetic tape, mechanical, photocopying, recording or otherwise, without the prior permission in writing of the publisher.

The rights of Drusilla Beyfus to be identified as the author of this work have been asserted by her in accordance with the Copyright, Design and Patents Act 1988.

写真クレジット

All photographs © The Condé Nast Publications Ltd except the following:

1 Bert Stern/Vogue © Condé Nast Inc 1963; 4 © David Seymour/Magnum Photos; 13 Everett Collection/Rex Features; 17 Henry Clarke/Vogue © Condé Nast Inc 1955; 18 © René Gruau Company Paris: www.renegruau.com 21 Carl Oscar August Erickson/Vogue © Condé Nast Inc 1952; 30-31 © Hubert de Givenchy; 36 Irving Penn/Vogue © Condé Nast Inc 1968; 41 © Givenchy; 42 Patrick Demarchelier/Vogue © Condé Nast Inc 1990; 45 David Bailey/Vogue © Condé Nast Inc 1971; 46 René Gruau/Erwin Blumenfeld/Vogue © Condé Nast Inc 1954; 47 Karen Radkai/Vogue © Condé Nast Inc 1955; 50 Cecil Beaton/Vogue © Condé Nast Inc 1964; 52 Bert Stern/Vogue © Condé Nast Inc 1963; 53 Bert Stern/Vogue © Condé Nast Inc 1963; 54 Irving Penn/Vogue © Condé Nast Inc 1964; 57 Bert Stern/Vogue © Condé Nast Inc 1963; 60 Sarah Moon/Vogue © Condé Nast Inc 1975; 65 © Elliott Erwitt/Magnum Photos; 71 Henry Clarke/Vogue © Condé Nast Inc 1956; 73 Bert Stern/Vogue © Condé Nast Inc 1969; 76-77 Ishimuro/Vogue © Condé Nast Inc 1977; 78 Irving Penn/Vogue © Condé Nast Inc 1969; 80 Courtesy of The Hurrell Estate; 83 © Arthur Elgort/Art + Commerce; 87 Carl Oscar August Erickson/Vogue © Condé Nast Inc 1953; 93 Irving Penn/Vogue © Condé Nast Inc 1967; 100-101 Henry Clarke/Vogue © Condé Nast Inc 1957; 103 Henry Clarke/Vogue © Condé Nast Inc 1954; 105 Cecil Beaton/Vogue © Condé Nast Inc 1964; 108 © Eve Arnold/Magnum Photos; 111 Irving Penn/Vogue © Condé Nast Inc 1967; 117 © Horst P. Horst/Art + Commerce; 128 Elia Kazan/Vogue © Condé Nast Inc 1958; 131 John Cowan/Vogue © Condé Nast Inc 1969; 132 Henry Clarke/Vogue © Condé Nast Inc 1967; 134 © Norman Parkinson Ltd/Courtesy Norman Parkinson Archive; 139 © Armstrong Jones; 140 Gamma-Rapho via Getty Images; 143 © Norman Parkinson Ltd/Courtesy Norman Parkinson Archive; 144-145 Everett Collection/Rex Features; 149 Everett Collection/Rex Features; 150 © René Gruau Company Paris: www.renegruau.com; 152 Henry Clarke/Vogue © Condé Nast Inc 1964; 154 © Nick Knight

Cover: Bert Stern/Vogue © Condé Nast Inc 1963
Back Cover: © Armstrong Jones

ガイアブックスは
地球(ガイア)の自然環境を守ると同時に
心と身体の自然を保つべく
"ナチュラルライフ"を提唱していきます。

著者：
ドルシラ・ベイファス (Drusilla Beyfus)
現代のモードとスタイルをテーマにしたジャーナリスト、作家、ブロードキャスターでもあり、解説者としても有名。

翻訳者：
和田 侑子 (わだ ゆうこ)
早稲田大学社会科学部卒業。書籍編集者を経て翻訳者に。訳書に『VOGUE ON クリスチャン・ディオール』（ガイアブックス）、『マリメッコのすべて』（DU BOOKS）、『図解！！やりかた大百科』（パイインターナショナル）、『おいしいセルビー』（グラフィック社）など。

VOGUE ON HUBERT DE GIVENCHY

VOGUE ON
ユベール・ド・ジバンシィ

発　　　行　2014年9月10日
発　行　者　平野　陽三
発　行　所　株式会社 ガイアブックス
　　　　　　〒169-0074 東京都新宿区北新宿 3-14-8
　　　　　　TEL.03 (3366) 1411　FAX.03 (3366) 3503
　　　　　　http://www.gaiajapan.co.jp

Copyright GAIABOOKS INC. JAPAN2014
ISBN978-4-88282-921-8 C0077

落丁本・乱丁本はお取り替えいたします。
本書を許可なく複製することは、かたくお断わりします。
Printed in China